物理化学实验

(第二版)

主　编　李　红(湖南中医药大学)
　　　　程时劲(武汉东湖学院)
副主编　何武强(武汉工商学院)
　　　　姜晖霞(湖南农业大学)
　　　　雷雪峰(电子科技大学中山学院)
　　　　罗　伦(湖北医药学院)
　　　　冯彤英(北京理工大学珠海学院)
　　　　李　龙(湖南中医药大学)
参　编　王辉宪(湖南农业大学)
　　　　刘建庄(电子科技大学中山学院)
　　　　马军现(电子科技大学中山学院)
　　　　刘祥华(湖南农业大学)
　　　　惠华英(湖南中医药大学)

华中科技大学出版社
中国・武汉

内 容 提 要

本书是编者在总结多年实验教学经验的基础上编写而成的。

全书共六章。第一章绪论，介绍物理化学实验的教学目的和要求、安全防护、误差分析、实验数据的表达方法。第二章基础性实验，包括化学热力学、电化学、化学反应动力学、界面现象与胶体化学实验，共 25 个。第三章综合性实验，共 5 个。第四章设计性实验，共 2 个。第五章实验技术。第六章简要介绍几种常用仪器的工作原理及使用方法。附录中提供物理化学实验常用的数据表。

全书内容丰富，叙述简练，简明易懂，针对性和实用性强，可供应用型本科院校的化学、化工、环境、材料、生命、药学等相关专业的教师和学生使用。

图书在版编目(CIP)数据

物理化学实验/李红，程时劲主编. —2 版. —武汉：华中科技大学出版社，2019.5（2022.6重印）
全国应用型本科院校化学课程统编教材
ISBN 978-7-5680-5055-5

Ⅰ.①物…　Ⅱ.①李…　②程…　Ⅲ.①物理化学-化学实验-高等学校-教材　Ⅳ.①O64-33

中国版本图书馆 CIP 数据核字(2019)第 068254 号

物理化学实验（第二版）　　　　李　红　程时劲　主编
Wuli Huaxue Shiyan(Di-er Ban)

策划编辑：王新华
责任编辑：王新华
封面设计：原色设计
责任校对：李　弋
责任监印：周治超
出版发行：华中科技大学出版社（中国·武汉）　　电话：(027)81321913
　　　　　武汉市东湖新技术开发区华工科技园　　邮编：430223
录　　排：华中科技大学惠友文印中心
印　　刷：武汉市洪林印务有限公司
开　　本：787mm×1092mm　1/16
印　　张：9.5
字　　数：248 千字
版　　次：2022 年 6 月第 2 版第 2 次印刷
定　　价：28.00 元

第二版前言

本教材是在2011年出版的第一版基础上修订而成的。第一版从出版至今，得到众多读者的认可，并被广泛使用，同时我们也收集到许多意见和建议。为了更好地为本科教学服务，特对第一版教材进行修订。

本教材根据教学需要，在第一版的基础上新增加了一些实验，如“化学平衡常数及分配系数的测定”、“固-液界面的吸附”等；删除了一些大部分院校很少开设的实验，如“氢超电势的测定”等；修改了一些实验，如“双液系的气液平衡相图”、“乙酸乙酯皂化反应速率常数及活化能的测定”等；同时对第一版中的一些错误进行了订正。

因为第一版的编写人员有的已经退休或有工作变动，所以调整了编写人员。本教材的主编是湖南中医药大学李红和武汉东湖学院程时劲。其他参加本次教材修订的人员有：武汉工商学院何武强，湖南农业大学姜晖霞、王辉宪、刘祥华，电子科技大学中山学院雷雪峰、刘建庄、马军现，北京理工大学珠海学院冯彤英，湖北医药学院罗伦，湖南中医药大学李龙、惠华英。

在此，我们要向第一版作者表示衷心的感谢，是他们的辛勤劳动和大量付出，为本教材奠定了良好的基础。

由于编者水平有限，本教材难免会有不足之处，敬请各位读者批评指正。

编　者

2019年2月

第一版前言

随着社会经济的发展，各行各业对人才的需求呈现出多元化的特点，特别是对应用型人才的需求显得十分迫切，目前应用型本科院校正承担着应用型人才的培养重任。

应用型人才的培养需理论教学与实验教学并行，实践教学尤为重要。

目前国内已有许多物理化学实验教材，各有特色，而适用于应用型本科院校的化学、化工、环境、材料、生命、药学等相关专业的物理化学实验课程的教材还没有，为适应新形势的要求，特编写了本教材。

本书内容丰富，简明易懂，针对性和实用性较强，且选择的实验大部分学校都有能力开出。

本书分绪论、基础性实验、综合性实验、设计性实验、实验技术、几种常用仪器的工作原理及使用方法、附录七个部分。

绪论部分介绍物理化学实验的教学目的和要求、安全防护、误差分析、实验数据的表达方法等。基础性实验包括化学热力学、电化学、化学反应动力学、界面现象与胶体化学实验，共25个。综合性实验共10个，主要针对学生独立思考、分析和解决问题能力的培养和训练，使学生能把学过的理论知识及实验技术加以综合运用。设计性实验共4个，主要针对学生的初步科研能力的培养和训练，让学生学会自己查资料，设计实验方法、实验步骤及独立完成实验。几种常用仪器的工作原理及使用方法部分着重介绍在多个实验中共同使用的仪器，如分光光度计、电导率仪、电位差计、酸度计等。某个实验中专用的仪器如旋光仪、阿贝折光仪等不安排在此章，而放在相关实验中介绍。附录中收录了物理化学常用的数据资料。

参加本书编写的人员来自国内多所高校，而且是长期从事物理化学实验教学的老师，具有丰富的教学经验和较高的学术水平。

本书由安从俊担任主编，王辉宪、李红担任副主编。参加编写人员具体分工如下：安从俊编写第一章，第二章实验6、实验9、实验13、实验14、实验15、实验18、实验19、实验25，第三章实验2、实验5，第四章实验4；王辉宪编写第二章实验1、实验2，第三章实验3、实验8，第五章；李红编写第二章实验10、实验24，第三章实验9，部分附录；程时劲编写第二章实验3、实验22，第四章实验1，第六章，部分附录；何武强编写第二章实验5、实验23，第四章实验2；杨娟编写第二章实验11、实验12、实验16，第三章实验6；张建策编写第二章实验8，第三章实验1；武银桃编写第二章实验7，第四章实验3；雷雪峰编写第二章实验17、实验20、实验21，第三章实验7；王春晖编写第二章实验4，第三章实验4；王丹编写第三章实验10。

最后全书由安从俊教授统稿、宋昭华教授主审。由于编者水平有限，书中难免有不足之处，恳请使用本书的师生、读者给予批评指正。

编　者

2011年1月

目　　录

第一章　绪　　论

第一节　物理化学实验的目的和要求

一、物理化学实验的目的

物理化学实验是物理化学学科中的一门独立课程，与物理化学理论有着同等重要的地位，物理化学学科正是在理论和实验的相互验证和提升中不断得以发展。学习物理化学实验，可以使学生加深对物理化学理论的理解，了解物理化学实验的设计思路，掌握物理化学实验的基本实验技能和相关仪器的使用方法，训练学生仔细观察实验现象、如实记录实验数据、全面分析实验误差、正确处理实验数据、独立分析问题和解决问题的能力，培养学生实事求是的科学态度和创新精神，为将来从事科学研究工作打下良好的基础。

二、物理化学实验的要求

为了做好实验并达到实验目的，要求具体做好以下几点。

(1) 实验前的预习。

实验前必须认真预习、了解实验目的和原理、仪器的结构和使用方法、实验装置和操作步骤，画出记录数据的表格，写出符合要求的实验预习报告。

(2) 实验操作。

实验过程中，应严格按照实验操作规程进行操作，随时注意实验现象，尤其是一些反常现象不应放过。

应在预习报告中的数据表格内准确记录原始数据，不能随意涂改，字迹要清楚，还需记录实验条件如室温，大气压，药品纯度，仪器的名称、型号、生产厂家等。

实验结束后，应将原始数据交给教师审阅，清理实验台面，洗净玻璃仪器并放置整齐，并将电学仪器连接的外电源断开，经教师同意后才能离开实验室。

(3) 实验报告。

撰写实验报告是化学实验课程的基本训练内容，它能使学生在实验数据处理、作图、误差分析、逻辑思维等方面得到训练，为今后撰写科研论文打下良好的基础。

物理化学实验报告应包括实验目的、实验原理、仪器与试剂、实验操作步骤、数据处理、结果和讨论、思考题等。

实验目的、仪器与试剂、实验操作步骤都要根据实际实验操作的情况简明扼要地撰写，实验原理应主要阐明实验的理论依据，辅以必要的公式即可。

数据处理一项要求用表格列出原始数据、计算公式，并注明公式所用的已知常数的数值，注意各数值所用的单位要统一。结果用计算所得到的数据以表格或作图形式表示。讨论的内容可包括对实验现象进行分析和解释，对实验结果进行误差分析，对实验方法提出改进意见等。

第二节 物理化学实验的安全防护

一、安全用电

违章用电可能造成人身伤亡、火灾、仪器损坏等严重事故。物理化学实验室使用电器较多,要特别注意用电安全,主要应注意以下几点。

(1) 防止触电。

不要用潮湿的手接触电器,所有电器的外壳都应接地,实验时应先接好电路然后才能通电,实验结束后,应先断开电源再拆线路。不能用试电笔去试高压电,使用高压电源时应有专门的防护措施。如有人触电,应迅速切断电源,然后进行抢救。

(2) 防止引起火灾。

使用的保险丝要与实验室允许电量相符,电线的安全载电量应大于用电功率。电器接触不良时,应及时修理。如遇电线起火,应立即切断电源,用沙或二氧化碳灭火器、四氯化碳灭火器灭火,禁止用水等导电液体灭火。

(3) 防止短路。

线路中各连接点应牢固,电路元件两端接头不要互相接触,以防短路。电线、电器不要淋湿或浸在导电液体中。

(4) 电器仪表的安全使用。

使用仪器前,应先了解仪器要求用什么电源,因电源有直流电、单相交流电、三相交流电,电压的大小有 380 V、220 V、110 V、6 V 等,还要考虑功率是否适合,所以要正确选择电源。仪表的量程应大于被测量值,若被测量值不明,应从最大量程开始测量,要防止电器超负荷运转。使用的保险丝必须符合电器的额定要求,所用电线要符合电器功率的要求,仪器不用时应切断电源。

二、使用化学药品的安全防护

(1) 防毒。

大多数化学药品都有不同程度的毒性,毒物可通过呼吸道、消化道、皮肤进入体内,因此实验前要了解所用药品的毒性、性能及防护措施。

苯、硝基苯、四氯化碳、乙醚会引起嗅觉降低而中毒,有毒气体或产生有毒气体的物质如硫化氢、氯、溴、浓盐酸等应在通风橱中使用,剧毒药品如高汞盐、重金属盐、氰化物等应妥善保管。

汞和汞化合物是高毒性物质,汞在常温下易变成蒸气,吸进人体会引起慢性中毒。盛汞的容器中应加水防止汞蒸发,若汞掉在桌面、地上、水槽内,要用吸管尽可能将汞收集在容器中,再用与汞作用能形成汞齐的锌或铜片在汞溅落的地方多次扫过,最后用硫黄粉覆盖在可能有汞溅落的地方并摩擦,使汞生成难挥发的硫化汞。手上有伤口时切勿触及汞。用汞时实验室要通风。

(2) 防爆。

可燃气体和空气的混合比例达到可燃气体的爆炸极限时,接触热源如电火花会引起爆炸。要尽量防止可燃气体散失到室内,要求保持室内通风良好。如要操作大量可燃气体,应尽量避免明火。

有些固体试剂如高氧化物、过氧化物等受热或受震动易爆炸，使用时要按要求进行操作，避免强氧化剂和强还原剂放在一起；在操作有可能发生爆炸的实验时，应有防爆措施。

(3) 防火。

许多有机溶剂如乙醚、丙酮、乙醇等易引起燃烧，使用这类试剂时室内不能有明火、电火花等。有些物质如磷，金属钠、钾以及表面积很大的金属粉末如铁粉等，易氧化自燃，要隔绝空气保存，使用时要特别小心。

实验室万一着火应冷静判断情况并采取措施，下面几种情况都不能用水灭火：钠、钾、铝粉、电石、过氧化钠等着火时应用干沙灭火；比水轻的易燃液体如汽油、苯着火时要用泡沫灭火器灭火；有灼烧的金属或熔融物的地方着火时用干沙或固体粉末灭火器灭火；电气设备或带电系统着火时，用二氧化碳灭火器或四氯化碳灭火器灭火。

(4) 防灼伤。

强酸、强碱、强氧化剂、溴、钠、苯酚等都会腐蚀皮肤，特别要防止它们溅入眼内。液氮、干冰等低温物质会冻伤皮肤，使用时需戴防护用具。

(5) 防环境污染。

由于化学试剂大多有毒性，随意排放会造成环境污染。实验结束后，废弃药品和废液要回收到指定的容器中，能回收的可以再利用，不能回收的一定要按要求进行处理，达到环保的要求后才能排放。

三、高压钢瓶的安全使用

气体钢瓶是由无缝碳素钢或合金钢制成的，使用钢瓶的主要危险是可能发生爆炸或漏气，因此要正确使用钢瓶。关于如何正确使用钢瓶，请参见本书第五章第三节。

第三节 物理化学实验的误差分析

物理化学实验以测量物理量的数值为基本内容。无论是直接测量的量，还是间接测量的量，由于测量方法及外界条件等因素的影响，测量值与真实值（或文献值）之间存在差值，这个差值称为测量误差。

误差是不可避免的，为了能得到更接近真实值的测量结果，要正确选用精密度相当的仪器及试剂。写实验报告时，要正确表达实验结果，要指出结果的不确定程度，因此正确理解和掌握误差的概念极为重要。

一、准确度和精密度

准确度指测量值与真实值符合的程度，测量值越接近真实值，准确度越好。精密度指多次测量某一物理量时其数值的重现性，重现性好，精密度高。精密度高，准确度不一定好；相反，准确度好，精密度一定高。可以用射手打靶情况作一比喻，如图 1.3.1 所示。其中图 1.3.1(a)表示准确度好精密度高，图 1.3.1(b)表示精密度高准确度差，图 1.3.1(c)表示准确度差精密度低。

二、误差分类

根据误差的性质，误差可分为系统误差、偶然误差、过失误差。

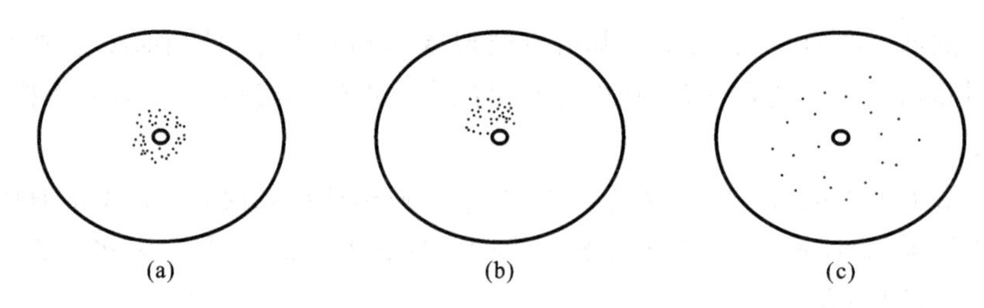

图 1.3.1　准确度与精密度示意图

(1) 系统误差。

在相同条件下，对某一物理量进行多次测量时，测量的误差的绝对值和符号保持恒定（即恒偏大或恒偏小），这种测量误差称为系统误差。产生原因如下。

① 实验方法的理论根据不足，或实验条件控制不严，或实验方法本身受限制。

② 仪器不准或不灵敏，仪器装置精密度有限，试剂纯度不符合要求等。

③ 个人习惯误差，如读取滴定管读数常偏高或常偏低等。

系统误差决定了测量的准确度。通过校正仪器的刻度、改进实验方法、提高药品的纯度、修正计算公式等措施可减小或消除系统误差。

(2) 偶然误差。

在相同实验条件下，多次测量某物理量，每次测得的数值都不同，围绕某一数值无规则地变动，误差的绝对值时大时小，符号时正时负，这种误差称为偶然误差。产生原因可能如下。

① 实验者对仪器最小分度值以下的估读每次很难相同。

② 测量仪器的某些活动部件所指示的测量结果每次很难相同。

③ 影响测量的某些条件如温度，不可能在每次实验中控制得绝对不变。

偶然误差不可能避免，但它服从统计规律，它的大小及符号服从正态分布，对同一物理量的测量次数足够多时，偶然误差的平均值可接近于零。

(3) 过失误差。

过失误差是由于实验者在实验过程中不应有的失误而引起的，如读错数据、计算错误等，只要实验者细心操作，这类误差可以避免。

三、误差的表示方法

(1) 绝对误差和相对误差。

$$\text{绝对误差} = \text{测量值} - \text{真实值}$$

$$\text{相对误差} = \frac{\text{绝对误差}}{\text{真实值（平均值）}} \times 100\%$$

在相同条件下对同一物理量进行 n 次反复测定，则测定值的算术平均值为

$$\overline{X} = \frac{1}{n}\sum_{i=1}^{n} X_i \tag{1-3-1}$$

真实值是未知的，一般可用平均值 $\overline{X}$ 代替。用相对误差表示测定结果的准确度。

(2) 平均误差和标准误差。

平均误差
$$a = \pm \frac{1}{n}\sum_{i=1}^{n} \left| X_i - \overline{X} \right| \tag{1-3-2}$$

标准误差
$$\sigma = \sqrt{\frac{1}{n-1}\sum_{i=1}^{n} (X_i - \overline{X})^2} \tag{1-3-3}$$

用平均误差评定测量精密度的优点是计算简单,缺点是可能把质量不高的测量给掩盖了。而用标准误差时,测量误差平方后,较大的或较小的误差更能显著反映出来,因此在近代科学中多采用标准误差。

测量结果的精密度可表示为

$$X \pm \sigma \quad 或 \quad X \pm a \tag{1-3-4}$$

也可用相对误差来表示,即

$$\sigma_{相对} = \frac{\sigma}{X} \times 100\% \quad 或 \quad a_{相对} = \frac{a}{X} \times 100\% \tag{1-3-5}$$

四、可疑测量值的取舍

在原始数据的处理中,对可疑数据进行取舍常采用下列方法:根据概率论,大于 3σ 的误差出现的概率只有 0.3%,在无数次测量中对误差超过 3σ 的测量值可舍弃。

对少数几次测量,概率论已不适用,方法是计算出平均值及平均误差 a,再计算可疑值与平均值的差值 d,如果 $d \geqslant 4a$,则可舍弃。

要注意舍弃的测量值的个数不能超过数据总数的五分之一。

五、间接测量结果的误差——误差传递

大多数物理化学数据,是将直接测量值代入公式中计算出的值,此值为间接测量所得。每个直接测量值的准确度对间接测量的准确度都有影响。

(1) 平均误差和相对平均误差的传递。

设直接测量的物理量为 x 和 y,其平均误差分别为 $\mathrm{d}x$ 和 $\mathrm{d}y$,最后结果为 u,其函数关系为

$$u = f(x, y)$$

其微分式为

$$\mathrm{d}u = \left(\frac{\partial u}{\partial x}\right)_y \mathrm{d}x + \left(\frac{\partial u}{\partial y}\right)_x \mathrm{d}y \tag{1-3-6}$$

当 Δx 与 Δy 很小时,可以代替 $\mathrm{d}x$ 与 $\mathrm{d}y$,并考虑误差积累,故取绝对值,有

$$\Delta u = \left(\frac{\partial u}{\partial x}\right)_y |\Delta x| + \left(\frac{\partial u}{\partial y}\right)_x |\Delta y| \tag{1-3-7}$$

Δu 称为函数 u 的绝对算术平均误差。其相对算术平均误差为

$$\frac{\Delta u}{u} = \frac{1}{u}\left(\frac{\partial u}{\partial x}\right)_y |\Delta x| + \frac{1}{u}\left(\frac{\partial u}{\partial y}\right)_x |\Delta y| \tag{1-3-8}$$

部分函数的平均误差计算公式列于表 1.3.1 中。

表 1.3.1 部分函数的平均误差计算公式

函数关系	绝对平均误差	相对平均误差
$u=x+y$	$\pm(\lvert\mathrm{d}x\rvert+\lvert\mathrm{d}y\rvert)$	$\pm\frac{\lvert\mathrm{d}x\rvert+\lvert\mathrm{d}y\rvert}{x+y}$
$u=x-y$	$\pm(\lvert\mathrm{d}x\rvert+\lvert\mathrm{d}y\rvert)$	$\pm\frac{\lvert\mathrm{d}x\rvert+\lvert\mathrm{d}y\rvert}{x-y}$
$u=xy$	$\pm(x\lvert\mathrm{d}y\rvert+y\lvert\mathrm{d}x\rvert)$	$\pm\left(\frac{\lvert\mathrm{d}x\rvert}{x}+\frac{\lvert\mathrm{d}y\rvert}{y}\right)$
$u=x/y$	$\pm\frac{y\lvert\mathrm{d}x\rvert+x\lvert\mathrm{d}y\rvert}{y^2}$	$\pm\left(\frac{\lvert\mathrm{d}x\rvert}{x}+\frac{\lvert\mathrm{d}y\rvert}{y}\right)$

续表

函数关系	绝对平均误差	相对平均误差
$u=x^n$	$\pm nx^{n-1}\lvert dx\rvert$	$\pm n\dfrac{\lvert dx\rvert}{x}$
$u=\ln x$	$\pm\dfrac{\lvert dx\rvert}{x}$	$\pm\dfrac{\lvert dx\rvert}{x\ln x}$

(2) 间接测量结果的标准误差计算。

设函数关系同上,即 $u=f(x,y)$,则标准误差为

$$\sigma_n=\sqrt{\left(\frac{\partial u}{\partial x}\right)_y^2\sigma_x^2+\left(\frac{\partial u}{\partial y}\right)_x^2\sigma_y^2} \tag{1-3-9}$$

部分函数的标准误差计算公式列于表 1.3.2 中。

表 1.3.2　部分函数的标准误差计算公式

函数关系	绝对标准误差	相对标准误差
$u=x+y$ $u=x-y$	$\pm\sqrt{\sigma_x^2+\sigma_y^2}$	$\pm\dfrac{1}{\lvert x\pm y\rvert}\sqrt{\sigma_x^2+\sigma_y^2}$
$u=xy$	$\pm\sqrt{y^2\sigma_x^2+x^2\sigma_y^2}$	$\pm\sqrt{\dfrac{\sigma_x^2}{x^2}+\dfrac{\sigma_y^2}{y^2}}$
$u=x/y$	$\pm\dfrac{1}{y}\sqrt{\sigma_x^2+\dfrac{x^2}{y^2}\sigma_y^2}$	$\pm\sqrt{\dfrac{\sigma_x^2}{x^2}+\dfrac{\sigma_y^2}{y^2}}$
$u=x^n$	$\pm nx^{n-1}\sigma_x$	$\pm\dfrac{n\sigma_x}{x}$
$u=\ln x$	$\pm\dfrac{\sigma_x}{x}$	$\pm\dfrac{\sigma_x}{x\ln x}$

例如:以苯为溶剂,用凝固点下降法测萘的摩尔质量,计算公式为

$$M_B=\frac{K_f m_B}{m_A(T_f^\circ-T_f)}$$

式中:A 和 B 分别代表溶剂和溶质;m_A、m_B、T_f° 和 T_f 分别为苯和萘的质量以及苯和溶液的凝固点,且均为实验的直接测量值。

相关数据见表 1.3.3,试根据这些测量值求萘的摩尔质量的相对误差 $\dfrac{\Delta M_B}{M_B}$,并估计所求摩尔质量的最大误差。已知苯的 K_f 为 5.12 K·kg·mol^{-1}。

表 1.3.3　实验测得的 T_f°、T_f 和平均误差

实验编号	1	2	3	平均值	平均误差
T_f°/℃	5.801	5.790	5.802	5.798	±0.005①
T_f/℃	5.500	5.504	5.495	5.500	±0.003②

注:① $\pm\lvert\Delta T_f^\circ\rvert=\pm\dfrac{\lvert 5.801-5.798\rvert+\lvert 5.790-5.798\rvert+\lvert 5.802-5.798\rvert}{3}$ ℃ $=\pm0.005$ ℃

② $\pm\lvert\Delta T_f\rvert=\pm\dfrac{\lvert 5.500-5.500\rvert+\lvert 5.504-5.500\rvert+\lvert 5.495-5.500\rvert}{3}$ ℃ $=\pm0.003$ ℃

表 1.3.4　实验测量的 m_A、m_B 和 $T_f^\circ - T_f$ 值及相对平均误差

测量值	使用仪器及测量精密度	相对平均误差
$m_A = 20.00$ g	工业天平，±0.05 g	$\pm\frac{\lvert \Delta m_A \rvert}{m_A} = \pm\frac{0.05}{20.00} = \pm 2.5\times10^{-3}$
$m_B = 0.1472$ g	分析天平，±0.0002 g	$\pm\frac{\lvert \Delta m_B \rvert}{m_B} = \pm\frac{0.0002}{0.1472} = \pm 1.4\times10^{-3}$
$T_f^\circ - T_f = 0.298$ ℃	贝克曼温度计，±0.002 ℃	$\pm\frac{\lvert \Delta T_f^\circ \rvert + \lvert \Delta T_f \rvert}{T_f^\circ - T_f} = \pm\frac{0.008^*}{0.298} = \pm 0.027$

注：* 见表 1.3.3：$\pm(\lvert \Delta T_f^\circ \rvert + \lvert \Delta T_f \rvert) = \pm(0.005+0.003)$ ℃ $= \pm 0.008$ ℃

根据误差传递公式有

$$\frac{\Delta M_B}{M_B} = \pm\left(\frac{\lvert \Delta m_A \rvert}{m_A} + \frac{\lvert \Delta m_B \rvert}{m_B} + \frac{\lvert \Delta T_f^\circ \rvert + \lvert \Delta T_f \rvert}{T_f^\circ - T_f}\right)$$

$$= \pm\left(\frac{0.05}{20.00} + \frac{0.0002}{0.1472} + \frac{0.008}{0.298}\right) = \pm 0.031$$

$$M_B = \frac{5.12\times1000\times0.1472}{20.00\times0.298}\ \text{g}\cdot\text{mol}^{-1} = 127\ \text{g}\cdot\text{mol}^{-1}$$

$$\Delta M_B = 127\times0.031\ \text{g}\cdot\text{mol}^{-1} = 3.9\ \text{g}\cdot\text{mol}^{-1}$$

实验测量的相关数据见表 1.3.4。从以上测量结果可见，最大误差来源于温度差的测量，而温度差的误差又取决于测温精密度和操作技术条件的限制。因此在实验之前要估算各测量值的误差，这有助于正确选择实验方法和选用精密度相当的仪器，以达到预期的效果。

六、有效数字

在直接测量中，表示测量结果的数字，其数字与仪表的精密度应一致。如滴定管的最小分度是 0.10 mL，管内液面在 22.20～22.30 mL 之间，测量值记录为 22.28 mL，前三位数字是准确的，第四位数字是估计的，这样的数字称为有效数字，有四位。

（1）有效数字的表示方法。

① 误差只有一位有效数字，最多不超过两位。

② 任何一个物理量的数据，其有效数字的最后一位和误差的最后一位一致。

例如：1.24±0.01 是正确的，若记成 1.241±0.01 或 1.2±0.01，意义就不明确了。

③ 为了明确表示有效数字的位数，一般采用指数表示法。

例如：1.234×10^{3}、1.234×10^{-1}、1.234×10^{-4}、1.234×10^{5} 都是四位有效数字。

若写成 0.0001234，则表示小数点位置的 0 不是有效数字，它仍是四位有效数字。若写成 1234000，后面有三个 0，就说不清楚是有效数字还是表示小数点的位置，指数表示法就没有此问题。

（2）有效数字运算规则。

① 用“4 舍 5 入”规则舍弃不要的数字，当数值的首位大于或等于 8 时，可以多算一位有效数字，如 8.31 在运算中看成四位有效数字。

② 在加减运算时，各小数点后取的位数与其中最少位数对齐，例如：

$$0.12+12.232+1.458=0.12+12.23+1.46=13.81$$

③ 在乘除运算中，保留各数的有效数字位数与其中有效数字位数最少者相同。

例如：1.576×0.0183/82，其中 82 有效数字位数最少，但由于首位是 8，故可看成三位有效数字，所以其余各数都保留三位有效数字，则上式变为 1.58×0.0183/82。

④ 计算式中的常数如π、e或$\sqrt{2}$等,以及一些查手册得到的常数,可按需要取有效数字。

⑤ 对数运算中所取的对数位数(对数首数除外)应与真数的有效数字位数相同。

第四节　物理化学实验数据的表达方法

物理化学实验数据的表达方法主要有三种:列表法、作图法和数学方程式法。下面分别介绍这三种方法。

一、列表法

在物理化学实验中,数据测量一般至少包括两个变量,在实验数据中选出自变量和因变量。列表法就是将这一组实验数据的自变量和因变量的各个数值依一定的形式和顺序一一对应列出来。

列表时应注意以下几点。

(1) 每个表开头都应写出表的序号及表的名称。

(2) 表格的行或列的第一栏应该详细写上名称及单位,名称用符号表示,因表中列出的通常是一些纯数(数值),因此行首的名称及单位应采用“名称符号/单位符号”的形式,如 p(压力)/Pa。

(3) 表中的数值应用最简单的形式表示,公共的乘方因子应放在栏头注明。

(4) 每一行中的数值要排列整齐,小数点应对齐,应注意有效数字的位数。

二、作图法

作图法可以更形象地表达出数据的特点,如极大值、极小值、拐点等,并可进一步用图解求积分、微分、外推值、内插值等。

作图的基本要点如下。

(1) 选择坐标纸。坐标纸分为直角坐标纸、半对数或对数坐标纸、三角坐标纸和极坐标纸等几种,其中直角坐标纸最常用。

(2) 选好坐标纸后,要正确选择坐标分度,要求:①要能表示全部有效数字;②坐标轴上每小格的数值应可方便读出,且每小格所代表的变量应为1、2、5的整数倍,不应为3、7、9的整数倍。如无特殊需要,可不将坐标原点作为变量零点,而从略低于最小测量值的整数开始,可使图形更紧凑,读数更精确;若图形是直线或近乎直线,则坐标分度的选择应使直线与 x 轴约成45°夹角。

(3) 然后将测得的数据以点描绘于图上。在同一个图上,如有几组测量数据,可分别用△、×、⊙、○、●等不同符号加以区别,并在图上注明这些符号。

(4) 作出各测量点后,用直尺或曲线板画直线或曲线。要求线条能连接尽可能多的实验点,但不必通过所有的点,未连接的点应均匀分布于曲线两侧,且与曲线的距离应接近相等。要求曲线光滑均匀,细而清晰。连线的好坏会直接影响实验结果的准确性,如条件允许时鼓励用计算机作图。

在曲线上作切线,通常用镜像法。

若需在曲线上作某一点 A 的切线,可取一平面镜垂直放于图纸上,也可用玻璃棒代替镜子,使玻璃棒和曲线的交线通过 A 点,此时,曲线在玻璃棒中的像与实际曲线不相吻合,见图

1.4.1(a)，以 A 点为轴旋转玻璃棒，使玻璃棒中的曲线与实际曲线重合，见图 1.4.1(b)，沿玻璃棒作直线 MN，这就是曲线在该点的法线，再通过 A 点作 MN 的垂线 CD，即可得切线，见图 1.4.1(c)。

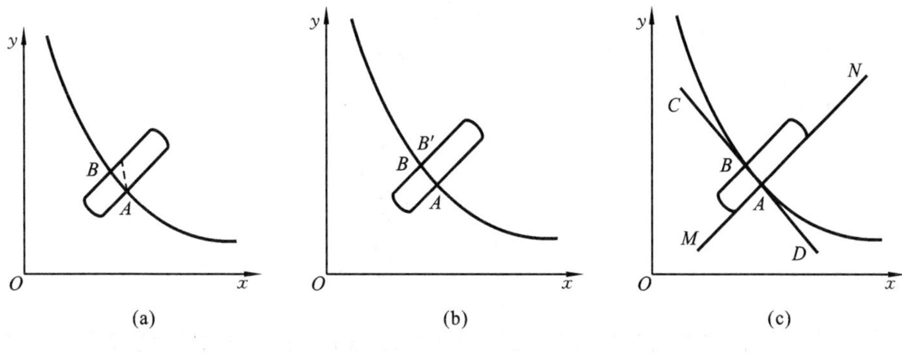

图 1.4.1　作切线的方法

三、数学方程式法

一组实验数据可以用数学方程式表示出来，这样的表示一方面可以反映出数据结果间的内在规律性，便于进行理论解释或说明；另一方面简单明了，还可进行微分、积分等其他变换。

此法首先要找出变量之间的函数关系，然后将其间的关系由曲线方程转变成直线方程。直线方程的基本形式是

$$y=a+bx$$

直线方程的拟合就是根据若干自变量 x 与变量 y 的实验数据确定 a 和 b。如何确定 a 和 b 的值呢？现介绍常用的几种方法。

(1) 作图法。

将 (x,y) 对应的点描于坐标轴中，通过各点作一直线，使该直线尽可能靠近每一实验点，这条直线的斜率就是直线方程中的 b 值，而其在 y 轴上的截距就是直线方程中的 a 值。直线斜率可由 $\Delta y/\Delta x$ 值读出。

(2) 最小二乘法。

利用最小二乘法求 a 和 b 时，有两个假设：一是所给自变量的给定值均无误差，因变量的各值则有测量误差；二是曲线与各点的偏差 δ 值的平方和为最小，见图 1.4.2。

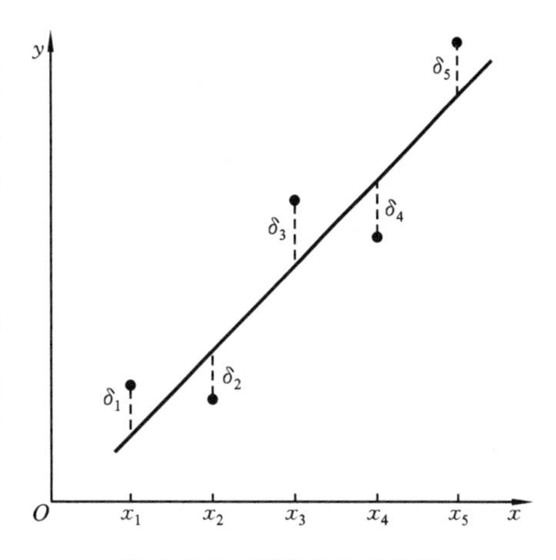

图 1.4.2　直线关系式曲线

为了便于说明，将偏差放大若干倍。

设有 n 对 x、y 值适合方程

$$y=a+bx \tag{1-4-1}$$

令 y_1' 代表 a、b 已知时根据式(1-4-1)计算出来的值，则

$$y_1'=a+bx_1$$

测量值与曲线的偏差为

$$\delta_1=y_1-y_1'=y_1-(a+bx_1)=y_1-a-bx_1$$

令

$$\sum\delta_i^2=\theta=(y_1-a-bx_1)^2+(y_2-a-bx_2)^2+\cdots \tag{1-4-2}$$

根据假设 δ^2 最小,因测量值 y_i 、x_i 是固定的值,根据函数极值条件,应有 $\frac{\partial\theta}{\partial a}=0$,$\frac{\partial\theta}{\partial b}=0$。于是得方程组

$$\begin{cases}\sum y_i - na - b\sum x_i = 0\\ \sum x_i y_i - a\sum x_i - b\sum x_i^2 = 0\end{cases}$$

解此方程组可求得

$$b=\frac{\sum x_i \sum y_i - n\sum x_i y_i}{(\sum x_i)^2 - n\sum x_i^2} \tag{1-4-3}$$

$$a=\frac{\sum y_i}{n} - b\frac{\sum x_i}{n} \tag{1-4-4}$$

相关系数 R 用以表达两变量之间的线性相关程度,相关系数 R 的取值应在 ± 1 之间。当 $|R|=1$ 时为完全相关,即所有的实验数据点全部落在拟合直线上。$R=0$ 则为完全不相关,即实验数据不存在线性关系。当实验数据与拟合直线间显著相关时,一般有 $|R|\geqslant 0.95$。

相关系数的符号与斜率相同,如实验数据满足曲线方程,可将曲线方程转换成直线方程。如曲线方程 $y=ae^{bx}$ 可转化为直线方程 $\ln y=\ln a+bx$。

随着计算机的普及,用于处理数据和作图的软件也越来越多。常用 Origin 软件,只要输入测量到的数据,计算机即可自动拟合,进行线性回归、多项式回归以及非线性回归,可得相关系数和图表。

第二章　基础性实验

Ⅰ　化学热力学实验

实验1　恒温水浴装置的组装及性能测试

一、实验目的

（1）了解恒温槽的构造及恒温原理，初步掌握其装配和调试的基本技术。

（2）绘制恒温槽的灵敏度曲线（温度-时间曲线），学会分析恒温槽的性能。

（3）掌握接触温度计和贝克曼温度计的调节及使用方法。

二、实验原理

在物理化学实验中所测得的数据，如黏度、密度、蒸气压、表面张力、折射率、电导率和化学反应速率常数等都与温度有关，所以许多实验必须在恒温下进行。恒温控制可分为两类。一是利用物质的相变点温度来实现，如液氮（沸点为－195.9 ℃）、干冰-丙酮（沸点为－78.5 ℃）、水（沸点为 100 ℃）、萘（沸点为 218.0 ℃）、硫（沸点为 444.6 ℃）等。这些物质处于相平衡时，温度恒定而构成一个恒温介质浴，将需要恒温的测定对象置于该介质浴中，就可以获得一个高度稳定的恒温条件，但温度的选择受到很大限制。二是利用电子调节系统，对加热器或制冷器的工作状态进行自动调节，使被控对象处于设定的温度之下，此方法控温范围宽，可以任意调节设定温度。

本实验讨论的恒温水浴装置是一种常用的电子调节控温装置，该装置是通过继电器的自动调节实现恒温控制的。当恒温水浴因热量向外扩散等原因使体系温度低于设定值时，继电器迫使加热器工作。直到体系再次达到设定温度时，又自动停止加热。这样周而复始，就可以使体系温度在一定范围内保持恒定。恒温槽装置如图 2.1.1 所示。

普通恒温水浴装置是由浴槽、温度计、搅拌器、加热器和继电器等部分组成的，现分别介绍如下。

（1）浴槽。

浴槽包括容器和液体介质。如果要求设定的温度与室温相差不太大，通常可用 20 L 的圆形玻璃缸作容器。若设定的温度较高（或较低），则应对整个槽体保温，以减小热量传递速度，提高恒温精密度。恒温水浴以蒸馏水为工作介质。如对装置稍作改动并选用其他合适液体（如石蜡、甘油与硅油等）作为工作介质，则上述恒温装置可在较大的温度范围内使用。

（2）普通和贝克曼温度计。

观察恒温水浴的温度可选用分度值为 0.1 ℃的水银温度计，而测量恒温水浴的灵敏度时应采用贝克曼温度计。温度计的安装位置应尽量靠近被测系统。所用的水银温度计读数都应

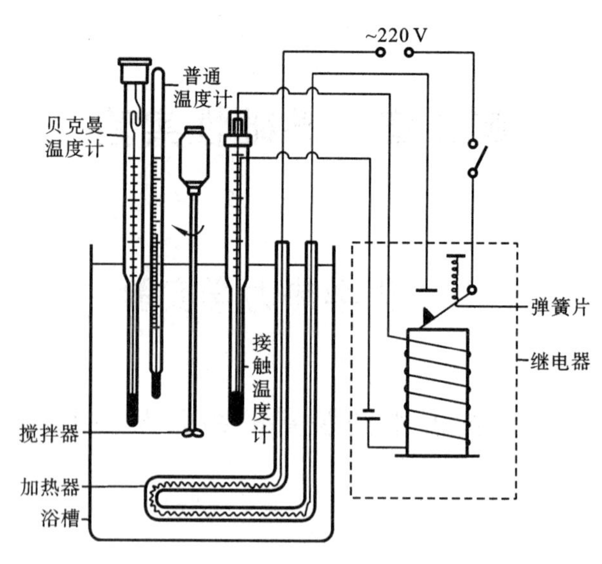

图 2.1.1 恒温槽装置图

加以校正。

(3) 搅拌器。

搅拌器以小型电动机带动,可调节搅拌速度。搅拌器一般应安装在加热器附近,使热量迅速传递,槽内各部分温度均匀。

(4) 加热器。

在要求设定温度比室温高的情况下,必须不断供给热量以补偿水浴向环境散失的热量。电加热器的选择原则是热容小、导热性能好、功率适当。如容量为 20 L 的浴槽,要求恒温在 20～30 ℃之间,可选用 200～300 W 的电加热器。室温过低时,应选用功率较大的加热器或采用两组加热器。

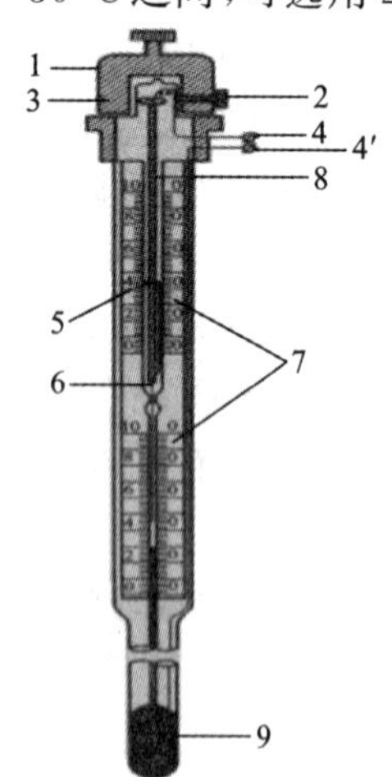

图 2.1.2 接触温度计结构示意图

1—调节帽;2—调节帽固定螺丝;3—磁铁;4—螺杆引出线;4′—水银引出线;5—标铁;6—铂丝;7—刻度板;8—螺杆;9—水银

(5) 接触温度计。

接触温度计又称水银导电表(见图 2.1.2)。水银球上部焊有金属丝,温度计上半部另有一金属丝,两者通过引出线接到继电器的信号反馈端。接触温度计的顶部有磁性螺旋调节帽,用来调节金属丝触点的高低。同时,从温度计调节指示螺母在标尺上的位置可以估读出大致的控制设定温度值。浴槽温度升高时,水银膨胀并上升至触点,继电器内线圈通电产生磁场,加热线路弹簧片跳开,加热器停止加热。随后浴槽热量向外扩散,使温度下降,水银收缩并与接触点脱离,继电器的电磁效应消失,弹簧片弹回,而接通加热器回路,系统温度又开始回升。这样接触温度计反复工作,从而使系统温度得到控制。可以说它是恒温浴的中枢,对恒温起着关键作用。

(6) 继电器。

继电器必须与加热器和接触温度计相连,才能起到控温作用。实验室常用的继电器有电子管继电器和晶体管继电器两种。

除普通恒温水浴外,实验室还常用市售的玻璃恒温水浴,其与本实验组装的恒温水浴具有相似的构造和恒温原理,所不同的是用电阻温度计为感温元件，用智能恒温控制器设定恒温温度和灵敏度。

可以用恒温槽灵敏度来衡量恒温水浴的品质好坏。恒温槽灵敏度的测定是在指定温度下，用较灵敏的温度计如贝克曼温度计记录恒温槽温度随时间的变化。若最高温度为 t_1，最低温度为 t_2，则恒温槽的灵敏度

$$t_E = \pm \frac{t_1 - t_2}{2} \tag{2-1-1}$$

灵敏度常以温度为纵坐标，以时间为横坐标，绘制成温度-时间曲线来表示。在图 2.1.3 中，图(a)表示恒温槽灵敏度较高；图(b)表示加热器功率太大，恒温槽灵敏度较低。

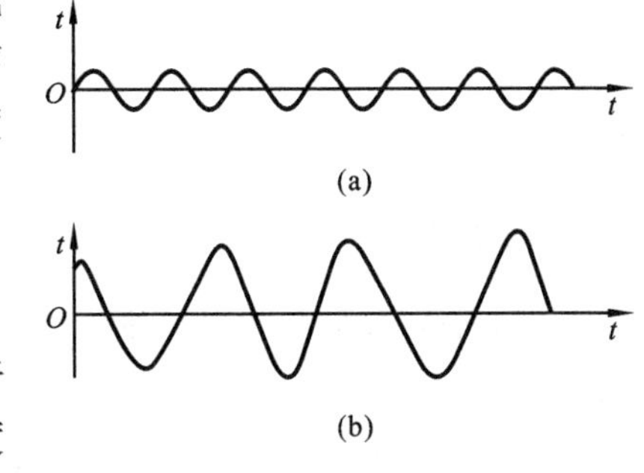

图 2.1.3　温度-时间曲线

三、仪器

玻璃缸 1 个；搅拌器(功率 40 W)1 台；加热器 1 个；普通温度计(分度值为 0.1 ℃)1 支；继电器 1 台；贝克曼温度计 1 支；接触温度计 1 支；秒表 1 块；200 mL 烧杯 1 个。

四、实验步骤

(1) 将蒸馏水注入浴槽内，按图 2.1.1 安装好普通温度计、贝克曼温度计、搅拌器、接触温度计和恒温控制器(即晶体管继电器)。

(2) 将恒温槽温度调节至所要求的恒温温度。

为了考察恒温槽的恒温性能，起始温度设在高于室温 5 ℃为宜(比如室温为 25 ℃，第一个恒温温度可设在 30 ℃)。首先旋开接触温度计上端的磁性调节帽的固定螺丝，旋动调节帽，使标铁上端面指示在 30 ℃处。接通电源，加热并搅拌，注意观察普通温度计上的读数。当温度达到 30 ℃时，立即旋转磁性调节帽，使接触温度计内的钨丝触针与水银柱液面接触，此时继电器的指示灯也由红变绿，表示加热器也由加热(红灯)转为停止加热(绿灯)。注意观察温度计上读数的变化，过 1～2 min 后，温度开始下降，这时继电器的指示灯又由绿变红，电加热器开始工作。当达到恒温温度时，指示灯又由红变绿。这样交替变化即表示恒温槽已在 30 ℃下恒温。然后将恒温槽调节到 35 ℃下恒温的状态，准备进行恒温槽灵敏度的测定。

(3) 贝克曼温度计的调节。

根据贝克曼温度计的调节方法调好贝克曼温度计，使其水银柱在 35 ℃时指示刻度为2.5。将调好的贝克曼温度计插入恒温槽水浴中并固定好。

(4) 恒温槽灵敏度的测定：在 35 ℃下，利用秒表每隔 1 min 记录一次贝克曼温度计的读数，共测 25～30 min。

五、数据处理

(1) 以时间为横坐标，以温度为纵坐标，绘制 35 ℃时的温度-时间曲线。

(2) 在图上找出最高点 t_2 和最低点 t_1，计算灵敏度。

六、注意事项

(1) 恒温槽的容量要大些，其热容越大越好。

(2) 为使恒温槽温度恒定,将接触温度计调至某一位置时,应将调节帽上的固定螺丝拧紧。

七、思考题

(1) 恒温槽主要由哪几个部分组成?各部分的作用是什么?

(2) 影响恒温槽灵敏度的主要因素有哪些?

(3) 欲提高恒温槽的控温精确度,应采取哪些措施?

实验2　摩尔燃烧热的测定

一、实验目的

(1) 测定萘的摩尔燃烧热,了解氧弹式热量计各主要部件的作用,掌握摩尔燃烧热的测定技术。

(2) 了解恒压摩尔燃烧热与恒容摩尔燃烧热的差别及相互关系。

(3) 学会应用雷诺图解法校正温度改变值。

二、实验原理

摩尔燃烧热是指在不做非体积功的情况下,1 mol 物质完全燃烧时所放出的热量。在不做非体积功时,恒容条件下测得的摩尔燃烧热称为恒容摩尔燃烧热($Q_{V,\mathrm{m}}$),恒容摩尔燃烧热等于这个过程的热力学能的改变,即 $\Delta U=Q_{V,\mathrm{m}}$。在不做非体积功时,恒压条件下测得的摩尔燃烧热称为恒压摩尔燃烧热($Q_{p,\mathrm{m}}$),恒压摩尔燃烧热等于这个过程的焓的改变,即 $\Delta H=Q_{p,\mathrm{m}}$。若把参加反应的气体和反应生成的气体作为理想气体处理,则有下列关系式:

$$Q_{p,\mathrm{m}}=Q_{V,\mathrm{m}}+\Delta n_{\mathrm{g}}RT \tag{2-2-1}$$

式中:Δn_{g} 为产物与反应物中气体物质的量之差;R 为摩尔气体常数;T 为反应的热力学温度。

化学反应的热效应(包括摩尔燃烧热)通常是用恒压热效应来表示的,在实验条件下测定的恒容热效应通过式(2-2-1)可转换成恒压热效应。

测量化学反应热的仪器称为热量计,热量计的种类有很多,本实验采用氧弹式热量计测量样品的摩尔燃烧热,见图 2.2.1。因为用氧弹式热量计测定物质的摩尔燃烧热是在恒容条件下进行的,所以测得的为恒容摩尔燃烧热($Q_{V,\mathrm{m}}$)。

测量的基本原理是将一定量待测物质样品在氧弹中完全燃烧,燃烧时放出的热量使量热体系(氧弹、介质水、搅拌器、容器)温度升高。通过测量燃烧前后体系温度的变化值 ΔT,就可以计算出该样品的摩尔燃烧热,其计算公式如下:

$$-\frac{m}{M_{\mathrm{r}}}Q_{V,\mathrm{m}}-m_{点}Q_{点}=W'\Delta T \tag{2-2-2}$$

式中:m 为待测物质的质量,g;M_{r} 为待测物质的相对分子质量;$Q_{V,\mathrm{m}}$ 为待测物质的恒容摩尔燃烧热;$m_{点}$ 为点火丝的质量;$Q_{点}$ 为单位质量点火丝的燃烧热,点火丝直径约为 0.1 mm,如果是铁丝,则 $Q_{点}=-6.694\ \mathrm{kJ\cdot g^{-1}}$;$W'$ 为量热体系的水当量,是指量热体系每升高 1 ℃所吸收的热量,W' 要用已知恒容摩尔燃烧热的苯甲酸标准物质($Q_{V,\mathrm{m},苯甲酸}=-26.46\ \mathrm{kJ\cdot g^{-1}}$)来标定。已知量热体系的水当量以后,就可以利用式(2-2-2),通过实验测定其他物质的燃烧热。

有些精密的测定,需对氧弹中所含氮气的燃烧热值作校正,可预先在氧弹中加入 5 mL 蒸

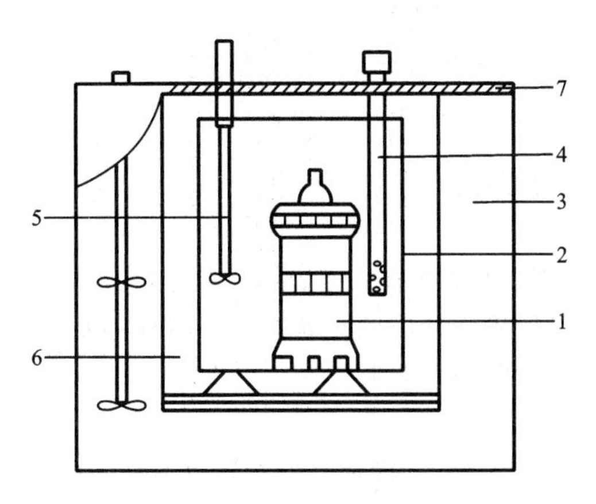

图 2.2.1　氧弹式热量计

1—氧弹；2—铜水桶；3—水夹套；4—温度传感器；5—搅拌器；6—空气隔热层；7—胶木盖

馏水，燃烧后，将所生成的硝酸溶液倒出，再用少量蒸馏水洗涤氧弹内壁，将洗涤液一起并入 150 mL 锥形瓶中，煮沸片刻，用 0.1 $mol \cdot L^{-1}$ NaOH 溶液滴定，如消耗的体积为 V，形成酸的热量为 $-5.983V$ J。计算公式为

$$-\frac{m}{M_r}Q_{V,m} - m_{点}Q_{点} - 5.983V = W'\Delta T \tag{2-2-3}$$

因为量热体系与环境之间有热交换，又有搅拌使温度升高，实验测出的温差 ΔT 必须进行校正。本实验采用雷诺图解法进行校正。

将燃烧前后观测到的水温连续记录下来，作温度-时间图，得一曲线，如图 2.2.2 所示。图中 b 点表示燃烧开始出现升温点（温度为 T_1），c 点为观测到最高温度时的读数点（温度为 T_2）。通过 b、c 两点的平均温度点 T 作横坐标的平行线 TP，与折线 $abcd$ 相交于 P 点，然后过 P 点作垂直线 AB，此线与 ab 线和 cd 线的延长线交于 E、F 两点，则 E 点和 F 点所对应温度之差即为欲求温度的升高值 ΔT。这就是绘制雷诺曲线来校正燃烧前后温度的变化值 ΔT 的方法。图中 $E'E$ 表示从开始燃烧到温度上升至室温 T 这一段时间内，由环境辐射进来和搅拌引进的热量所造成量热体系温度的升高，这部分是必须扣除的；$F'F$ 表示由室温 T 升高到最高点 c 这一段时间内，量热体系向环境辐射出热量而造成量热体系温度的降低，因此这部分是必须加入的。E、F 两点的温差较客观地表示了样品燃烧促使量热体系温度升高的数值。

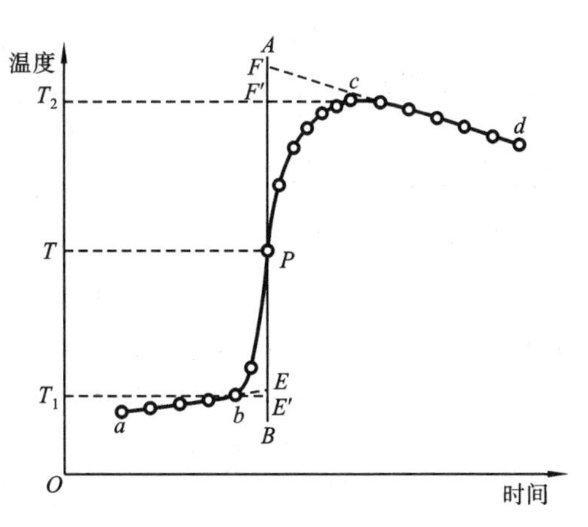

图 2.2.2　雷诺校正曲线

为了能方便地对温度进行校正，通常进行实验时，装入仪器内桶水的温度比外桶低 1～2 ℃。

三、仪器与试剂

氧弹式热量计 1 台；压片机 1 台；氧气钢瓶（附减压阀）1 个；1000 mL 量筒 1 个；万用表 1 只；点火丝。

萘(A. R.);苯甲酸(A. R.)。

四、实验步骤

(1) 量热体系的水当量的测定。

① 样品压片。

压片前先检查压片用钢模,如发现有铁锈、油污或尘土等,必须擦干净后才能进行压片。用台秤称取约 1 g 苯甲酸,然后将样品压成片状为止。将样品从模底推出后,除去碎屑,在分析天平上准确称量后即可供燃烧热测定用。

② 装置氧弹。

拧开氧弹盖,将氧弹内壁擦干净,特别是电极下端的不锈钢接线柱更应擦干净。将压片放在氧弹内的坩埚中,准确测量仪器配备的金属点火丝的长度。取一个直径约 3 mm 的玻璃棒或金属棒,将点火丝的中段绕成螺旋形(5～6 圈),将螺旋部分紧贴在样片的表面上,两端如图 2.2.3 所示,固定在电极上。注意勿使点火丝与坩埚相接触。用万用表检查电路是否接通,若已接通,盖上并拧紧氧弹盖。将氧弹进气管与氧气钢瓶的减压阀连接,缓缓开启氧气钢瓶的阀门,再打开氧气压力表阀门,充入 0.5 MPa 氧气,以排除弹内空气,关好放气管,利用氧气压力表的减压阀进行调节,使氧气压力表上的压力读数为 2 MPa,氧弹充气完毕,关闭氧气钢瓶阀门。将氧弹浸入水中观察是否漏气,如氧弹确已密合,用万用表测试弹盖上方两电极是否为通路,若线路不通应放出氧气,重新结紧点火丝;若为通路,将氧弹放入内筒的定位槽内。

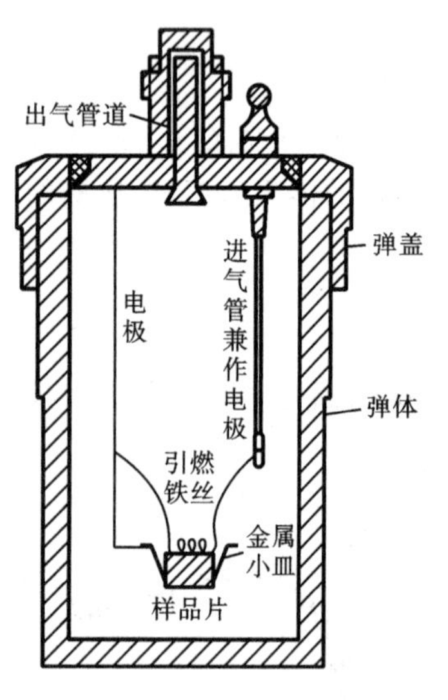

图 2.2.3 氧弹剖面图

③ 调内外水桶的水温。

打开热量计的电源,显示屏将自动显示测温探头所测得的温度数据。将测温探头放入热量计外桶中,记下所测量的外桶温度。在塑料桶内加 3 L 以上的水,加冰块调温度至比外桶低 1～2 ℃。然后用量筒从塑料桶中取水 3 L 倒入内桶中,注意不要溅出。

④ 燃烧和测量温度。

插上点火电极,盖上盖板。插入测温探头,探头不得接触氧弹和内桶。开动搅拌器,待温度稳定上升后,每分钟记录一次温度读数。连续读 10 次,读完第 10 次读数时,立即按下点火键点火。点火成功后仍然每隔半分钟读数一次,直到温度回降或平稳后,每隔 1 min 读一次,连续 10 次。停止搅拌,取出氧弹。缓缓开启出气阀,放出残余气体,然后旋出氧弹盖,如有点火丝尚未烧毁,则取出点火丝,测量其长度,计算出已燃烧的点火丝的长度。按照同样的操作,用第二份苯甲酸样品再做一次实验。

(2) 萘的燃烧热的测定。

称取 0.5 g 的萘两份,压片后按上述步骤操作 2 次。实验完毕后,把氧弹内壁和坩埚擦拭干净,并将热量计盛水桶中的水倒出后将其擦干。

五、数据处理

(1) 按作图法求出苯甲酸燃烧引起量热体系温度的变化值,计算量热体系的水当量

(W'),并求 2 次实验所得水当量的平均值。

(2) 按作图法求出萘燃烧引起的量热体系温度的变化值,并计算萘的恒容摩尔燃烧热 $Q_{V,m}$(2 次实验平均值)。

(3) 根据公式(2-2-1),由萘的恒容摩尔燃烧热($Q_{V,m}$)计算萘的恒压摩尔燃烧热($Q_{p,m}$)。

(4) 由物理化学数据手册查出萘的恒压摩尔燃烧热($Q_{p,m}$),计算本次实验的误差。

六、注意事项

(1) 样品压片后,要除去表面碎屑,再准确称量。

(2) 点火是否成功,要看温度在短时间内是否迅速上升,如果在 2 min 内温度升高不明显,即可断定点火失败,再按下点火键已经无效,必须重做。

(3) 在燃烧第二个样品时,须再次调节内桶水温。

七、思考题

(1) 用氧弹式热量计测定燃烧热的装置中哪些是体系?哪些是环境?体系和环境之间通过哪些可能的途径进行热交换?如何修正这些热交换对测定的影响?

(2) 为什么实验测量得到的温差要经过作图法校正?

(3) 实验中,哪些因素容易引起误差?如欲提高实验的准确度,应从哪几个方面考虑?

实验 3　溶解热的测定

(一) 电热补偿法

一、实验目的

(1) 了解电热补偿法测定热效应的基本原理及仪器的使用方法。

(2) 测定硝酸钾在水中的积分溶解热,并用作图法求微分冲淡热、积分冲淡热和微分溶解热。

(3) 初步了解用计算机采集处理数据、控制化学实验的方法。

二、实验原理

(1) 物质溶解于溶剂过程中的热效应称为溶解热。它有积分(或变浓)溶解热和微分(或定浓)溶解热两种,前者是指定温定压下 1 mol 溶质溶解在 n mol 溶剂中时所产生的热效应,以 Q_s 表示,后者是指 1 mol 溶质溶于某一确定浓度的无限量的溶液中所产生的热效应,以 $\left(\frac{\partial Q_s}{\partial n_2}\right)_{T,p,n_1}$ 表示。

把溶剂加到溶液中使之稀释时所产生的热效应称为冲淡热。它也有积分(或变浓)冲淡热及微分(或定浓)冲淡热两种。前者是指定温定压下,在含有 1 mol 溶质的溶液中加入一定量的溶剂使之稀释成另一浓度的溶液,此过程产生的热效应用 Q_d 表示;后者是指 1 mol 溶剂加到某一确定浓度的无限量的溶液中产生的热效应,以 $\left(\frac{\partial Q}{\partial n_1}\right)_{T,p,n_2}$ 表示。

(2) 积分溶解热由实验直接测定,其他三种热效应则需通过作图来求得。设纯溶剂和纯溶质的摩尔焓分别为 $H_{m(1)}$ 和 $H_{m(2)}$，当溶质溶解于溶剂变成溶液后，在溶液中溶剂和溶质的偏摩尔焓分别为 $H_{1,m}$ 和 $H_{2,m}$，对于由 n_1 mol 溶剂和 n_2 mol 溶质组成的体系，在溶解前体系总焓为 H，则

$$H = n_1 H_{m(1)} + n_2 H_{m(2)} \tag{2-3-1}$$

设溶液的焓为 H'，则

$$H' = n_1 H_{1,m} + n_2 H_{2,m} \tag{2-3-2}$$

因此溶解过程热效应 Q 为

$$Q = \Delta H = H' - H = n_1(H_{1,m} - H_{m(1)}) + n_2(H_{2,m} - H_{m(2)}) = n_1 \Delta H_m(1) + n_2 \Delta H_m(2) \tag{2-3-3}$$

式中：$\Delta H_m(1)$ 为微分冲淡热；$\Delta H_m(2)$ 为微分溶解热。

根据上述定义，积分溶解热 Q_s 为

$$Q_s = \Delta H / n_2 = n_1 \Delta H_m(1)/n_2 + \Delta H_m(2) \tag{2-3-4}$$

令 $n_0 = n_1/n_2$，以 Q_s 对 n_0 作图，见图 2.3.1。

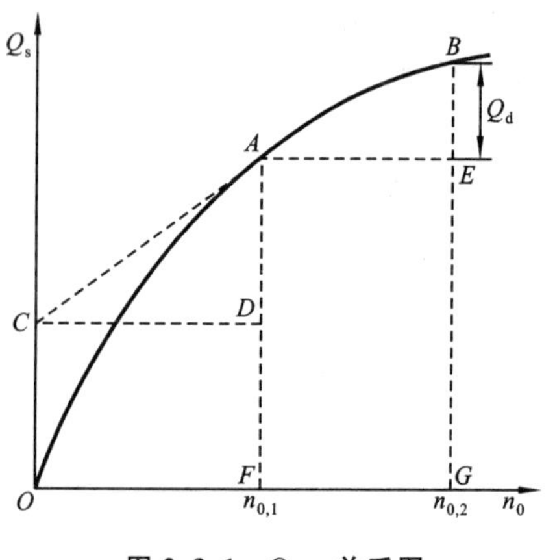

图 2.3.1　Q_s-n_0 关系图

图上不同 Q_s 点的切线斜率为对应于该浓度溶液的微分冲淡热，即 $\Delta H_m(1) = \left(\frac{\partial Q}{\partial n_1}\right)_{T,p,n_2} = \frac{\overline{AD}}{\overline{CD}}$。该切线在纵轴上的截距 $\overline{OC}$ 等于该浓度的微分溶解热。而在含有 1 mol 溶质的溶液中加入溶剂后，此过程的积分冲淡热 $Q_d = (Q_s)_{n_{0,2}} - (Q_s)_{n_{0,1}} = \overline{BG} - \overline{EG}$。

本实验测定硝酸钾溶解在水中的溶解热，是一个溶解过程中温度随反应的进行而降低的吸热反应，故采用电热补偿法测定。

先测定体系的起始温度 T，当反应进行后温度不断降低，由电加热法使体系升温至起始温度，根据所耗电能求得其热效应 Q，即

$$Q = I^2 R t = IUt \tag{2-3-5}$$

式中：I 为通过电阻为 R 的电阻丝加热器的电流；U 为电阻丝两端所加的电压；t 为通电时间。

三、仪器与试剂

SWC-RJ 溶解热测定装置 1 台；电子天平 1 台；称量瓶 8 只；量筒 1 个。

硝酸钾(A. R.)。

四、实验步骤

(1) 用电源线将仪器后面板的电源插座与 220 V 电源连接，将传感器插头插入传感器座，用配置的加热功率输出线接入。

(2) 打开电源开关，仪器处于待机状态，待机指示灯亮。

(3) 将 8 只干燥称量瓶编号，并在分析天平上称量后依次加入在研钵中研细的硝酸钾，其质量分别为 1 g、1.5 g、2.0 g、2.5 g、3 g、3.5 g、4 g 和 4.5 g，每次加样完后将称量瓶再称一下，用差减法确定被溶解的硝酸钾的真实质量。

(4) 用量筒直接量取 216 mL 蒸馏水放入杜瓦瓶中，放入磁子，拧紧瓶盖，并放到固定架上。

(5) 将 O 形圈套入传感器，调节 O 形圈使传感器进入蒸馏水并使传感器探头低于加热丝下方 0.5 cm。(注意不要与瓶底接触)

(6) 按下“状态转换”键，使仪器处于测试状态(即工作状态)。调节“加热功率调节”旋钮，使加热器功率约为 2.5 W。调节“调速”旋钮使搅拌磁子达到实验所需的转速。

(7) 实验中，因加热器开始加热时有滞后性，故应先让加热器正常加热，使温度高于环境温度(初始水温)0.5 ℃，按“状态转换”键，仪器处于待机状态，按“温差采零”键，仪器自动清零，再按“状态转换”键，等温差在 0 ℃以上时，立刻打开杜瓦瓶加料口，按编号加入第一份样品，并同步打开电脑软件界面点击“开始计时”，盖好加料口塞，观察温差变化及显示的曲线，等温差值回到零时(注意一定在 0 ℃以上时)加入第二份样品，以此类推，加完所有的样品。

(8) 实验结束，按“状态转换”键，使仪器处于待机状态。将“加热功率调节”旋钮和“调速”旋钮调回最小，关闭电源开关，拆去实验装置。

五、数据处理

(1) 根据溶剂的质量和加入溶质的质量，求算溶液的浓度，用 n_0 表示。

$$n_0 = \frac{n_1}{n_2} = \frac{n_{H_2O}}{n_{KNO_3}} = \frac{\dfrac{216.0}{18.00}}{\dfrac{m_{累}}{101.1}} = \frac{1213.2}{m_{累}}$$

式中：$m_{累}$ 表示累加的硝酸钾的质量。

(2) 计算每次溶解过程中的热效应。

$$Q=IUt=2.5t$$

式中：t 是累加时间，s。

① 点击“窗口”—“溶解热 Q-n_0 曲线图”。

② 点击“操作”—“自动输入”，出现 Q-n_0 点坐标。

③ 点击“操作”—“绘 Q-n_0 曲线图”，出现 Q-n_0 曲线图。

④ 点击“操作”—“计算”、“反应热”，依次“手工输入”不同浓度的积分溶解热、微分冲淡热。

⑤ 设置坐标，纵坐标不变，横坐标最大到 100，点击“操作”—“绘 Q-n_0 曲线图”，计算反应热，求出 n_0 从 10→15，15→25，25→50，50→80 的积分冲淡热。

六、注意事项

(1) 仪器要先预热，以保证系统稳定。

(2) 硝酸钾样品要研细、烘干。

(3) 加样品的速度要适当，太快会沉在杜瓦瓶底影响磁子转动，不能正常搅拌，但也不能太慢。

(4) 搅拌速度要适当，太快磁子会碰损加热器、温度探头、杜瓦瓶；太慢会造成 Q_s 值偏低，使 Q_s-n_0 图变形。

七、思考题

(1) 电热补偿法能否测定放热反应的热效应？

(2) 能否直接测定微分溶解热？

(二) 测温量热法

一、实验目的

(1) 用量热法测定硝酸钾在水中的积分溶解热。

(2) 掌握测温量热法的基本原理和测量方法。

(3) 学会绘制温度校正图,找出真实的温差 ΔT。

二、实验原理

溶解热是物质溶解于溶剂时产生的热效应,分为积分溶解热和微分溶解热。溶解热测定装置见图 2.3.2。本实验测定积分溶解热,其定义:在定温定压下,1 mol 溶质溶解于一定量溶剂中时产生的热效应。

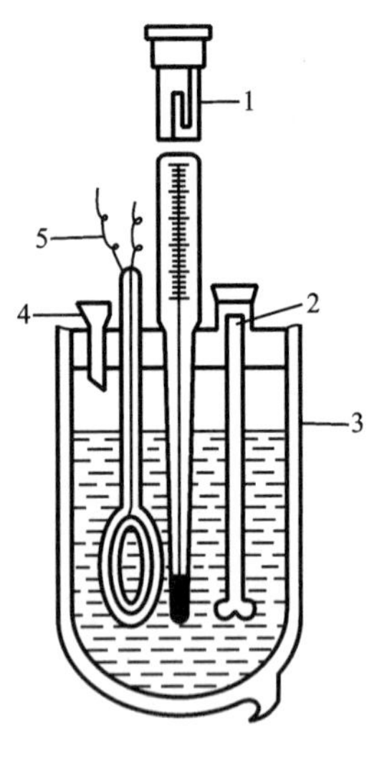

图 2.3.2　溶解热测定装置

1—贝克曼温度计;2—搅拌器;3—杜瓦瓶;4—加样漏斗;5—加热器

量热法测定积分溶解热,通常在绝热的热量计中进行。

基本公式为

$$Q = C\Delta T \tag{2-3-6}$$

式中:Q 为热效应;C 为量热系统的热容,量热系统包括杜瓦瓶内壁、溶剂、溶质、搅拌器、测温探头、加热器等;ΔT 为溶解过程中系统的温度改变值,由实验测定。

知道了 C 及 ΔT 的值,就可计算出 Q 的值。

首先要求 C 的值,用已知积分溶解热的标准物质,在热量计中进行溶解,测出溶解前后量热系统的温度变化值 $\Delta T_{标}$,则量热系统的热容为

$$C = \frac{m_{标}\ Q_{标}}{M_{标}\ \Delta T_{标}} \tag{2-3-7}$$

式中:$m_{标}$ 为标准物质的质量;$M_{标}$ 为标准物质的摩尔质量;$Q_{标}$ 为标准物质的积分溶解热,此值在手册上可查到。

待测物质的积分溶解热为

$$Q_{样} = \frac{CM\Delta T}{m} \tag{2-3-8}$$

式中:M 为待测物质的摩尔质量;m 为待测物质的质量;ΔT 为待测物质溶解前后量热系统的温度变化值。

三、仪器与试剂

杜瓦瓶 1 个;电磁搅拌器 1 台;贝克曼温度计 1 支;秒表 1 块;200 mL 量筒 1 个;温度计 1 支;电子天平 1 台。

硝酸钾(A. R.);氯化钾(A. R.);蒸馏水。

四、实验步骤

(1) 量热系统热容 C 的测定。

① 选氯化钾作为标准物质,已知 1 mol 氯化钾溶于 200 mL 水中的溶解热的数据(见附录 L),计算出溶解在 350 mL 水中所需氯化钾的量(7.25 g),称取氯化钾样品,待用。

② 将热量计的杜瓦瓶洗干净,装入 350 mL 蒸馏水,插入贝克曼温度计的探头,放入磁子,

打开电磁搅拌器，使磁子转动，速度不宜过快，待温度基本稳定后，每分钟读数一次，连读 8 次后，打开盖子，迅速倒入称好的氯化钾样品，继续每分钟读数一次，等读数回升后，再连读 8 次。

（2）硝酸钾溶解热的测定。

按 1 mol 硝酸钾溶于 400 mol 水的比例计算出溶解在 350 mL 水中所需硝酸钾的量（4.92 g）。称取所需量的硝酸钾，重复以上操作，测定硝酸钾的溶解热。

五、数据处理

室温：__________　　气压：__________

（1）将加氯化钾前后系统温度变化记录于表 2.3.1。

表 2.3.1　加氯化钾前后系统温度变化

时间/min	0	1	2	3	4	5	6	7	8	9	10
温度/℃											
时间/min	11	12	13	14	15	16	17	18	19	20	21
温度/℃											

（2）将加硝酸钾前后系统温度变化记录于表 2.3.2。

表 2.3.2　加硝酸钾前后系统温度变化

时间/min	0	1	2	3	4	5	6	7	8	9	10
温度/℃											
时间/min	11	12	13	14	15	16	17	18	19	20	21
温度/℃											

（3）量热计热容 C 的计算。

①求氯化钾溶解过程的真实温差 ΔT。

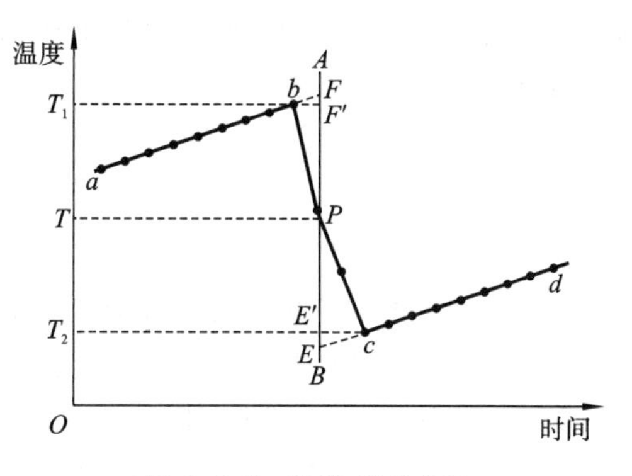

图 2.3.3　温度-时间曲线

将加氯化钾前后系统温度和时间作温度-时间图，得一曲线，如图 2.3.3 所示。图中 b 点为热效应开始时的点（温度为 T_1），c 点为热效应结束时的点（温度为 T_2）。通过 b、c 两点的平均温度点 T 作横坐标的平行线 TP，与折线 $abcd$ 相交于 P 点，然后过 P 点作纵坐标的平行线 AB，此线与 ab 和 dc 的延长线交于 E、F 两点，则 E 点和 F 点所对应温度之差就是氯化钾溶解过程的真实温差 ΔT。用此法可消除由于系统与环境微小的热交换以及搅拌或磁子转动产生热量等因素带来的影响。

②计算量热计的热容 C。

$$C = \frac{m_{标} Q_{标}}{M_{标} \Delta T_{标}}$$

（4）用同样的方法求得硝酸钾溶解过程的真实温差，并计算硝酸钾的溶解热。

$$Q_{样} = \frac{C M_{样} \Delta T_{样}}{m_{样}}$$

六、思考题

(1) 为什么不做非体积功的绝热系统在等压过程中的焓不变?

(2) 为什么要测定量热计的热容 C?

(3) 温度和浓度对溶解热有无影响?

七、注意事项

(1) 贝克曼温度计在使用前需预热一定时间才能稳定,一般预热 5 min。

(2) 加入固体时,须迅速进行,且不要洒出。

(3) 不同温度下,1 mol 氯化钾溶于 200 mol 水中的溶解热数值见附录 L。

实验 4　化学平衡常数及分配系数的测定

一、实验目的

(1) 测定碘在四氯化碳和水中的分配系数。

(2) 测定水溶液中碘与碘离子之间配位反应的标准平衡常数。

二、实验原理

1. 分配系数的测定

在一定温度下,将一种溶质 A 溶解在两种互不相溶的液体溶剂中,当系统达到平衡时,此溶质在这两种溶剂中分配服从一定的规律。如果溶质 A 在这两种溶剂中既无解离作用,也无缔合作用,在一定温度下达到平衡时,溶质 A 在这两种溶剂中相对平衡浓度之比近似等于分配系数 K_d。

$$K_d = \frac{\dfrac{c_2}{c^\ominus}}{\dfrac{c_1}{c^\ominus}}$$

若将 I_2 加入四氯化碳和水这两种互不相溶的液体中,则会在这两相中建立平衡。分配系数为 I_2 在这两种溶剂中相对平衡浓度之比。用 $Na_2S_2O_3$ 标准溶液分别滴定两相中 I_2 的浓度,代入分配系数计算公式中即可求出分配系数的值。

2. 在水溶液中碘与碘离子配位反应的标准平衡常数的测定

在定温、定压下,碘和碘化钾在水溶液中建立如下的平衡:

$$KI + I_2 \rightleftharpoons KI_3$$

此化学反应的标准平衡常数的计算公式如下:

$$K^\ominus = \frac{\dfrac{c_{KI_3}}{c^\ominus}}{\dfrac{c_{KI}}{c^\ominus} \cdot \dfrac{c_{I_2}}{c^\ominus}}$$

式中的浓度为反应达到平衡时的浓度。为了测定平衡常数,应在不扰动平衡状态的条件下测定平衡组成。在本实验中,当达到上述平衡时,若用 $Na_2S_2O_3$ 标准溶液来滴定溶液中 I_2 的浓度，则因I_2被消耗，平衡将向左移动，使KI_3继续分解，因而最终只能测定溶液中I_2和KI_3的总量。为了解决这个问题，可在上述溶液中加入四氯化碳，然后充分摇混（KI和KI_3不溶于四氯化碳），当温度和压力一定时，上述平衡及I_2在四氯化碳层和水层的分配平衡同时建立，如图2.4.1所示。测得四氯化碳层中I_2的浓度，即可根据分配系数求得水层中I_2的浓度。I_2与$Na_2S_2O_3$标准溶液反应的化学方程式为

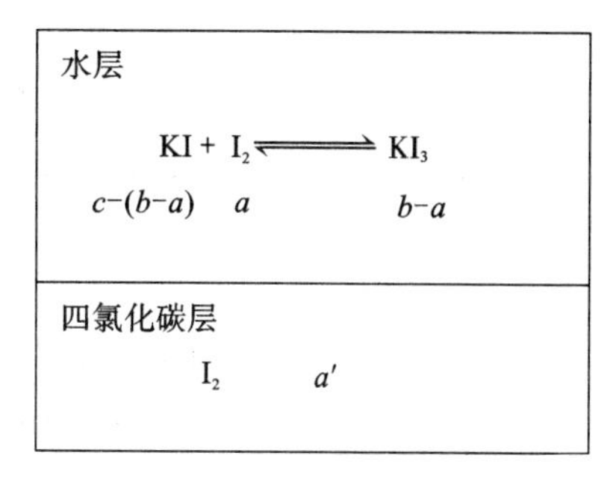

图2.4.1　分配平衡和配位平衡

$$2S_2O_3^{2-}+I_2 \longrightarrow S_4O_6^{2-}+2I^-$$

设水层中KI_3和I_2的总浓度为b，KI的初始浓度为c，四氯化碳层I_2的浓度为a'，I_2在水层及四氯化碳的分配系数为K_d，实验测得分配系数及四氯化碳层中I_2的浓度后，则根据$K_d=\frac{a'}{a}$，即可求得水层中I_2的浓度a。再从已知c及测得b，即可计算出平衡常数。

$$K^{\ominus}=\frac{\frac{c_{KI_3}}{c^{\ominus}}}{\frac{c_{KI}}{c^{\ominus}}\cdot\frac{c_{I_2}}{c^{\ominus}}}=\frac{b-a}{\frac{a[c-(b-a)]}{c^{\ominus}}}$$

三、仪器与试剂

恒温槽1套；250 mL碘量瓶3个；50 mL移液管3支；5 mL移液管3支；10 mL移液管2支；250 mL锥形瓶4个；碱式滴定管1支；100 mL量筒1个。

0.01 mol·L^{-1} $Na_2S_2O_3$标准溶液；0.1 mol·L^{-1} KI溶液；四氯化碳（分析纯）；碘的四氯化碳饱和溶液；0.1%淀粉溶液。

四、实验步骤

（1）按表2.4.1所列的数据，将溶液配于碘量瓶中。

（2）将配好的溶液置于30 ℃的恒温槽内，每隔5 min取出振荡一次，约半小时后，按表2.4.1所列数据取样进行分析。

（3）分析水层时，用$Na_2S_2O_3$标准溶液滴至淡黄色，再加6滴0.1%淀粉溶液作为指示剂，然后仔细滴至蓝色恰好消失。

（4）取四氯化碳层样时，用洗耳球使移液管鼓泡通过水层进入四氯化碳层，避免水进入移液管中。于锥形瓶中先加10～15 mL水、6滴0.1%淀粉溶液，然后将四氯化碳层样放入锥形瓶中。滴定过程中必须充分振荡，以使四氯化碳层中的I_2进入水层（为增快I_2进入水层，可加入KI）。仔细地滴至水层蓝色消失，四氯化碳层不再显红色。将滴定各瓶上、下两层所需$Na_2S_2O_3$标准溶液的量记于表2.4.1中。

（5）滴定后和未用完的四氯化碳层，皆应倾入回收瓶中。

五、数据处理

（1）将有关数据记录于表2.4.1中。

表 2.4.1　分配系数和平衡常数的测定数据

室温：________　　　　气压：________

KI 浓度：________　　　　$Na_2S_2O_3$ 浓度：________

<table>
<tr><td colspan="3">实 验 编 号</td><td>1</td><td>2</td><td>3</td></tr>
<tr><td rowspan="3">混合液
组成/mL</td><td colspan="2">H_2O</td><td>150</td><td>50</td><td>0</td></tr>
<tr><td colspan="2">碘的四氯化碳饱和溶液</td><td>25</td><td>25</td><td>25</td></tr>
<tr><td colspan="2">KI 溶液</td><td>0</td><td>50</td><td>100</td></tr>
<tr><td rowspan="2">分析取样体积
/mL</td><td colspan="2">四氯化碳层</td><td>5.00</td><td>5.00</td><td>5.00</td></tr>
<tr><td colspan="2">水层</td><td>50.00</td><td>10.00</td><td>10.00</td></tr>
<tr><td rowspan="6">滴定时消耗
$Na_2S_2O_3$ 标准溶液
的体积/mL</td><td rowspan="3">四氯化碳层</td><td>1</td><td></td><td></td><td></td></tr>
<tr><td>2</td><td></td><td></td><td></td></tr>
<tr><td>平均值</td><td></td><td></td><td></td></tr>
<tr><td rowspan="3">水层</td><td>1</td><td></td><td></td><td></td></tr>
<tr><td>2</td><td></td><td></td><td></td></tr>
<tr><td>平均值</td><td></td><td></td><td></td></tr>
<tr><td colspan="3" rowspan="2">分配系数和平衡常数</td><td rowspan="2">$K_d=$</td><td>$K_{c1}=$</td><td>$K_{c2}=$</td></tr>
<tr><td colspan="2">平均值 $K_c=$</td></tr>
</table>

（2）计算 1 号瓶中碘在四氯化碳层和水层中的分配系数。

（3）计算 2 号瓶、3 号瓶反应的平衡常数 K_{c1}、K_{c2} 及平均值 K_c。

六、注意事项

（1）摇碘量瓶时，手不能握碘量瓶的底部，以防加热溶液。

（2）摇动后溶液需放置一段时间才能分层，静置到溶液完全分层后再取里面的溶液进行分析滴定。

（3）滴定四氯化碳层时，不要操之过急。当锥形瓶中水层的蓝色恰好消失时，一定要停止滴定，摇动锥形瓶，待四氯化碳层中碘转移到水层中，使水层再次显蓝色时，才能继续滴。最后，一定要使水层的蓝色和四氯化碳层的红色同时消失才是滴定终点。

（4）含有四氯化碳的废液要统一处理，不要乱倒。

七、思考题

（1）测定平衡常数及分配系数时为什么要求恒温？

（2）配制 1 号、2 号、3 号瓶溶液时，哪些试剂需要准确计量其体积？为什么？

（3）配制 1 号、2 号、3 号瓶溶液进行实验的目的何在？根据本实验的结果能否判断反应已达平衡？

（4）如何加速平衡的到达？测定四氯化碳层中碘的浓度时，应注意些什么？

实验 5　静态法测定液体饱和蒸气压

一、实验目的

（1）明确纯液体饱和蒸气压的定义和气、液两相平衡的概念，通过实验进一步理解纯液体饱和蒸气压和温度的关系——Clausius-Clapeyron 方程。

（2）用静态法测定乙醇在不同温度下的饱和蒸气压，初步掌握真空技术。

（3）学会利用 Clausius-Clapeyron 方程及所作 $\ln p$-$1/T$ 图求解被测液体乙醇的摩尔蒸发焓。

二、实验原理

在一定温度下，纯液体与其气相达平衡时蒸气的压力称为该温度下液体的饱和蒸气压。液体的饱和蒸气压与温度有关。若将气体视为理想气体并略去液体的体积，且忽略温度对摩尔蒸发焓 $\Delta_{vap}H_m$ 的影响，则液体的饱和蒸气压与温度的关系可用 Clausius-Clapeyron 方程表示：

$$\frac{d(\ln p)}{dT}=\frac{\Delta_{vap}H_m}{RT^2} \tag{2-5-1}$$

式中：p 为液体在温度 T 下的饱和蒸气压，Pa；T 为热力学温度，K；R 为摩尔气体常数；$\Delta_{vap}H_m$ 为纯液体在温度 T 下的摩尔蒸发焓，$J \cdot mol^{-1}$。

在温度变化范围不大时，$\Delta_{vap}H_m$ 可看成常数，对式(2-5-1)积分得

$$\ln p=-\frac{\Delta_{vap}H_m}{RT}+C \tag{2-5-2}$$

式中：C 为积分常数。

通过实验测得液体在不同温度下的饱和蒸气压，以 $\ln p$ 对 $1/T$ 作图可得一条直线。直线的斜率 $m=-\frac{\Delta_{vap}H_m}{R}$，则 $\Delta_{vap}H_m=-Rm$。

静态法测定液体的饱和蒸气压的方法是在某一温度下直接测量蒸气压。如图 2.5.1 所示，平衡管中，液面 a 和液面 b 上部压力是待测液体的蒸气压，当液面 b 和液面 c 处于同一水平面时，则液面 b 上的蒸气压和液面 c 上的外压相等，此外压可以测定。

三、仪器与试剂

饱和蒸气压测定装置 1 套；真空泵 1 台。

无水乙醇(A. R.)。

四、实验步骤

（1）按图 2.5.1 安装好实验装置，装入样品。

（2）检漏：关闭阀 1，旋开活塞 2、进气阀、阀 2、活塞 1，通大气；打开数字真空压力计电源，按采零键；启动真空泵，当其运转正常时，关闭活塞 1，抽气，当压力计显示某数值时，关闭活塞 2，打开活塞 1，通大气；关真空泵，5 min 内压力计读数不变，则系统不漏气，可进行下一步测量操作。若漏气，则分段检查，找出漏处，进行排除。

（3）测量：将恒温水浴温度调到 25 ℃，恒温 5～10 min，接通冷凝水，打开活塞 1，启动真

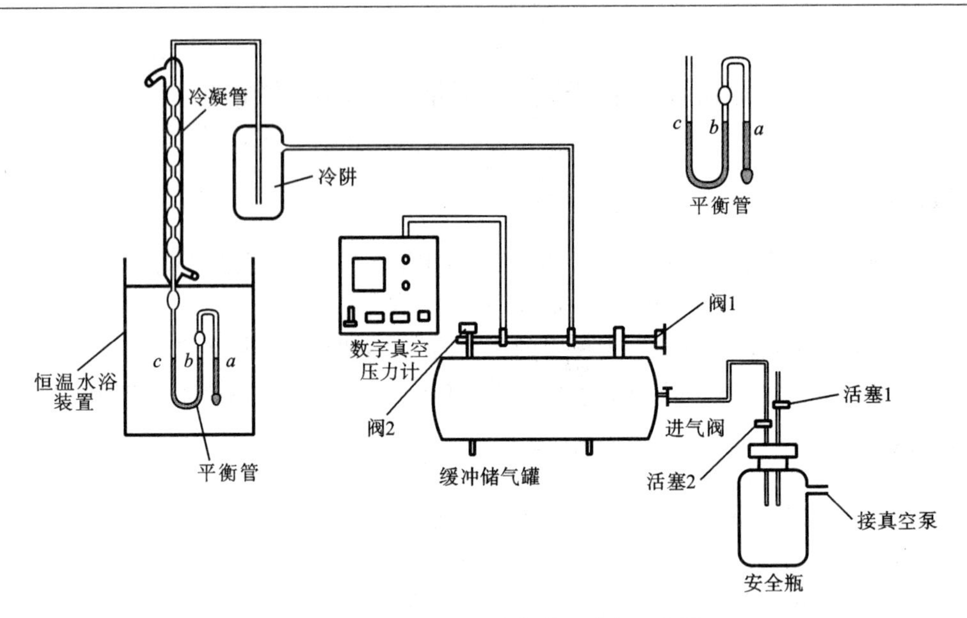

图 2.5.1　静态法测定液体饱和蒸气压装置

空泵,运转正常,关闭活塞1,抽气到95 kPa,平衡管中液体沸腾3～5 min,让乙醇中的空气排尽,此时关闭阀2、进气阀、活塞2;打开活塞1,通大气,关真空泵。观察平衡管中液面b、c的高度,若液面c比液面b高,则慢慢旋开阀1,让空气进入,使液面c降低;当液面c与b处于同一水平面时,读取压力计读数Δp;若液面b比液面c高,则旋开阀2,抽气,使液面c升高,与液面b相平,读数。重复测定3次,结果应在要求的误差范围内。用同样方法测定30 ℃、35 ℃、40 ℃、45 ℃、50 ℃时乙醇的饱和蒸气压(乙醇的饱和蒸气压=大气压$-\Delta p$)。

实验完毕,将空气放入实验体系内,使数字真空压力计归零,断开电源及冷凝水,将台面整理干净后方能离开。

五、数据处理

(1) 将测得数据列于表2.5.1中。

表 2.5.1　乙醇饱和蒸气压的测定数据

实验序号	温度			数字真空压力计示数 Δp/Pa	饱和蒸气压 p/Pa	$\ln p$
	t/℃	T/K	$\frac{1}{T}$/K^{-1}			
1						
2						
3						

(2) 根据实验数据作出$\ln p$-$1/T$图。

(3) 从直线$\ln p$-$1/T$上求出乙醇在实验温度范围内的平均摩尔蒸发焓,将计算结果与文献值进行比较,讨论其误差来源。

六、注意事项

(1) 若数字真空压力计的示数(真空度)为负值,则饱和蒸气压的数值为当前大气压与真空压力计示数之和。

(2) 抽气完毕，应先关闭缓冲储气罐中的进气阀，断开真空泵与实验体系，打开安全瓶上面的活塞1通大气后再关闭真空泵。

(3) 注意避免抽气时产生暴沸，使平衡管中的液体进入管路系统。

(4) 调整液面 b 和液面 c 时，旋转阀1或阀2都要缓慢进行。

(5) 关闭阀门时不要太用力。

七、思考题

(1) 在停止抽气前，为什么要先打开安全瓶上面的活塞通大气后再关闭真空泵？

(2) 装置漏气对结果有何影响？

(3) Clausius-Clapeyron 方程在什么条件下才适用？

(4) 本实验的主要误差来源是什么？

实验6　双液系的气液平衡相图

一、实验目的

(1) 用沸点仪测定在一定大气压下乙醇及环己烷双液系达到气液平衡时气相与液相的组成及平衡温度。

(2) 绘制温度-组成图，找出恒沸混合物的组成及恒沸点的温度。

(3) 学会阿贝折光仪的使用。

二、实验原理

两种在常温时的液态物质混合起来而组成的二组分体系称为双液系。此两种液体若能按任意比例互相溶解，称为完全互溶的双液系；若只能在一定比例范围内相互溶解，则称为部分互溶的双液系。本实验中的乙醇及环己烷是完全互溶的双液系。双液系的气液平衡相图 T-x 图可分为三类，见图2.6.1。

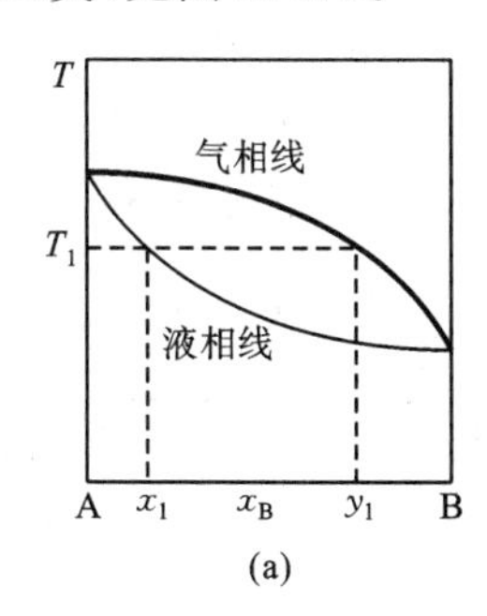

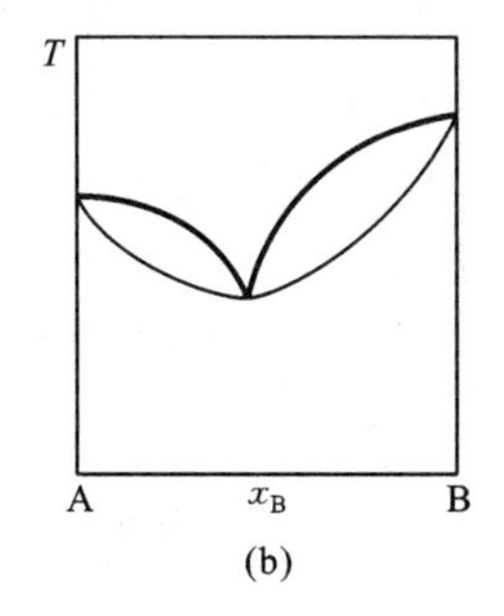

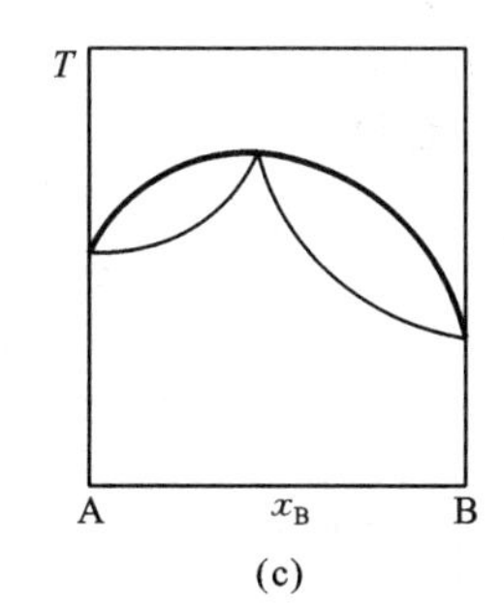

图2.6.1　双液系的三种 T-x 图

以上三种 T-x 图的纵轴代表温度 T（沸点），横轴代表液体B的摩尔分数 x_B。在 T-x 图中有两条曲线：上面的曲线是气相线，表示在不同溶液的沸点溶液达到气液平衡时的气相组成，下面的曲线表示液相线，代表平衡时液相的组成。

例如图2.6.1(a)中，对应于温度 T_1 时，气相点的组成为 y_1，液相点的组成为 x_1，如果溶液在恒压下蒸馏，当气、液两相达平衡时，记下此时的沸点，并分别测定气相（馏出物）与液相（蒸馏液)的组成,就能绘出一系列组成不同的 T-x 图。图 2.6.1(b)上有个最低点,图 2.6.1(c)上有个最高点,这些点称为恒沸点,其相应的溶液称为恒沸混合物,在此点蒸馏所得气相与液相组成相同,且不随时间改变,与压力有关。

三、仪器与试剂

沸点仪 1 套;阿贝折光仪 1 台;5 mL 移液管 2 支;超级恒温水槽 1 台;50 mL磨口活塞锥形瓶 6 个。

无水乙醇(A. R.);环己烷(A. R.)。

四、实验步骤

(1) 开启超级恒温水槽,将温度控制在 25 ℃。

(2) 按表 2.6.1 用有刻度的 5 mL 移液管准确配制工作曲线标准溶液。

表 2.6.1 工作曲线标准溶液的配比

乙醇浓度(体积分数)	0%	20%	40%	60%	80%	100%
无水乙醇体积/mL	0	1	2	3	4	5
环己烷体积/mL	5	4	3	2	1	0
折射率						

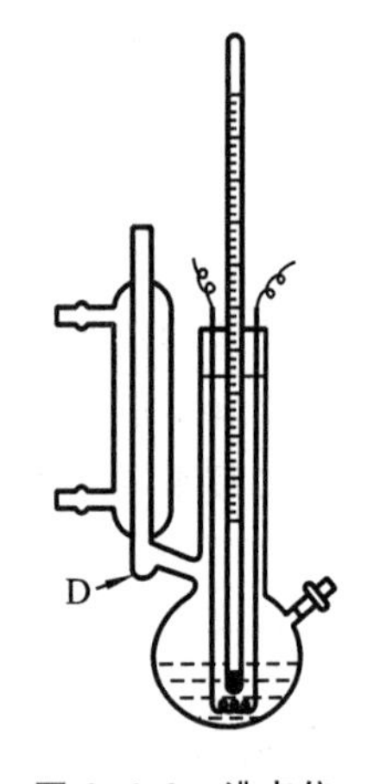

图 2.6.2 沸点仪

(3) 用阿贝折光仪测标准溶液以及纯乙醇、纯环己烷的折射率,并填入表 2.6.1。

(4) 测定一系列不同组分含量待测溶液的沸点及气、液两相的折射率。在沸点仪(见图2.6.2)中加入纯环己烷液体,盖过加热丝及温度计的探头,开通冷凝管的冷却水,小心加热使液体沸腾,待液体的沸点读数稳定后,记下温度,并停止加热。分别用滴管吸取相关的液体,用阿贝折光仪测其折射率,每份样品读数 2 次,取平均值。

用同法测定一系列已配制好的待测溶液(以体积比配制,乙醇的浓度(体积分数)如下:0%、2%、5%、10%、15%、20%、40%、60%、80%、90%、95%、100%),并列表记录实验数据,列表格式如表 2.6.2 所示。

表 2.6.2 乙醇溶液的沸点和气液两相的折射率

溶液编号	乙醇浓度(体积分数)/(%)	沸点 t/℃	液相蒸馏液分析		气相冷凝液分析	
			折射率	x_B/(%)	折射率	y_B/(%)
1	0					
2	2					
3	5					
4	10					

续表

溶液编号	乙醇浓度（体积分数）/(%)	沸点 t/℃	液相蒸馏液分析		气相冷凝液分析	
			折射率	x_B/(%)	折射率	y_B/(%)
5	15					
6	20					
7	40					
8	60					
9	80					
10	90					
11	95					
12	100					

五、数据处理

(1) 将标准溶液的体积分数按式(2-6-1)换算成质量分数，然后以质量分数对折射率作图。

$$w=\frac{V_1D_1}{V_1D_1+V_2D_2}\times 100\% \qquad (2\text{-}6\text{-}1)$$

式中：V_1为乙醇的体积；D_1为乙醇的相对密度，在20 ℃时为0.7893；V_2为环己烷的体积；D_2为环己烷的相对密度，在20 ℃时为0.7789；w为质量分数。

绘制折射率-w工作曲线。

(2) 将由工作曲线查得气、液两平衡相的组成及沸点列表，并绘制乙醇-环己烷的气液平衡相图。

(3) 由图上指出该双液系的恒沸点的温度及恒沸混合物的组成。

六、注意事项

(1) 沸点仪在没有装入液体之前绝对不能通电加热，如果没有液体，通电加热后沸点仪会炸裂。

(2) 取样品测定其折射率时一定要停止加热。

(3) 取样品测定时，一定要先测定液相，后测定气相。

(4) 每测完一种液体，都要将液体回收到原试剂瓶中，注意不要弄错试剂瓶。

(5) 加热丝一定要浸没在待测液体中，以免引起电阻丝烧断或有机液体燃烧。

(6) 实验试剂也可使用环己烷(A. R.)、异丙醇(A. R.)。

七、思考题

(1) 沸点仪中的小球D的体积过大对测量有何影响？

(2) 如何判定气、液相已达平衡？

(3) 为什么要将电阻丝浸在液体中加热，而不用电炉在外部加热？

实验 7　固-液界面的吸附

一、实验目的

(1) 通过测定活性炭在乙酸溶液中的吸附,验证弗罗德利希(Freundlich)吸附等温式。

(2) 作出在水溶液中用活性炭吸附乙酸的吸附等温线,求出 Freundlich 等温式中的经验常数。

二、实验原理

活性炭是一种高分散性的多孔吸附剂,在一定温度下,它在中等浓度溶液中的吸附量与溶质平衡浓度的关系,可用 Freundlich 吸附等温式表示,即

$$\frac{x}{m}=kC^{1/n}$$

式中:m 为吸附剂的质量,g;x 为吸附平衡时吸附质被吸附的物质的量,mol;$\frac{x}{m}$为平衡吸附量,$mol \cdot g^{-1}$;C 为吸附平衡时被吸附物质留在溶液中的浓度,$mol \cdot L^{-1}$;k、n 为经验常数(与吸附剂、吸附质的性质和温度有关)。

将上式取对数,得

$$\lg\frac{x}{m}=\frac{1}{n}\lg C+\lg k$$

以 $\lg\frac{x}{m}$对 $\lg C$ 作图,可得一条直线,直线的斜率等于$\frac{1}{n}$,截距等于 $\lg k$,由此可求得 n 和 k。

三、仪器与试剂

250 mL 碘量瓶 6 个;250 mL 锥形瓶 7 个;50 mL 碱式滴定管 1 支;漏斗 1 个;10 mL、20 mL、25 mL 移液管各 2 支。

0.1 $mol \cdot L^{-1}$ NaOH 标准溶液;酚酞指示剂;活性炭;0.4 $mol \cdot L^{-1}$ 乙酸溶液。

四、实验步骤

(1) 在 6 个洁净、干燥的碘量瓶上分别标以号码,并在各瓶中加入约 2.50 g(精确到 0.01 g)活性炭。然后用 2 支滴定管按表 2.7.1 的量注入 6 个碘量瓶中,并加塞振摇 0.5 h。

表 2.7.1　配制不同浓度的乙酸溶液

瓶　号	1	2	3	4	5	6
蒸馏水体积/mL	0	50	75	85	92	96
0.4 $mol \cdot L^{-1}$乙酸溶液体积/mL	100	50	25	15	8	4

(2) 滤去活性炭,弃去最初一小部分滤液,将其余滤液收集在另一个洁净、干燥的锥形瓶中。

(3) 于 1 号、2 号瓶内各取 10.00 mL 滤液,于 3 号、4 号瓶内各取 25.00 mL 滤液,于 5 号、6 号瓶内各取 40.00 mL 滤液,分别用 0.1 $mol \cdot L^{-1}$NaOH 标准溶液进行滴定。每个滤液都

应重复滴定一次，将有关数据记录于表格中。

(4) 最后，用 0.1 $mol \cdot L^{-1}$ NaOH 标准溶液滴定乙酸溶液，测定其原始浓度。

五、数据处理

(1) 将有关实验数据记录于表 2.7.2 中。

表 2.7.2　用 NaOH 标准溶液滴定乙酸溶液

室温：________　　气压：________

NaOH 标准溶液浓度：________　　滴定乙酸消耗 NaOH 标准溶液的体积：________

取原始乙酸溶液体积：________　　原始乙酸溶液浓度：________

碘量瓶编号	1	2	3	4	5	6
消耗 NaOH 标准溶液的体积 1						
消耗 NaOH 标准溶液的体积 2						
消耗 NaOH 标准溶液的体积平均值						
乙酸溶液平衡浓度						
乙酸溶液起始浓度						

(2) 计算吸附前各瓶中溶液的浓度 C_0，并将数据记录于表 2.7.2 中。

(3) 计算各瓶中吸附平衡时乙酸的浓度 C，并将数据记录于表 2.7.2 中。

(4) 用下式计算各瓶中乙酸被活性炭吸附的量 x，记录于表 2.7.3 中。

$$x=(C_0-C)\times\frac{100\ \text{mL}}{1000\ \text{mL/L}}$$

(5) 将 6 瓶溶液的 C、$\frac{x}{m}$、$\lg\frac{x}{m}$、$\lg C$ 计算出来并列入表 2.7.3 中。

表 2.7.3　计算结果

编号	1	2	3	4	5	6
C						
$\frac{x}{m}$						
$\lg C$						
$\lg\frac{x}{m}$						

(6) 以 $\frac{x}{m}$ 为纵坐标，C 为横坐标，绘制吸附等温线。

(7) 以 $\lg\frac{x}{m}$ 为纵坐标，$\lg C$ 为横坐标绘图，从图中直线截距和斜率求出 k 和 n。

六、注意事项

(1) 弃去最初一小部分滤液。

(2) 平衡过程中一定要振摇。

(3) 使用完的活性炭不能直接丢入下水道，以免堵塞下水道。

七、思考题

（1）固体吸附剂的吸附量大小与哪些因素有关？

（2）为了提高实验的准确度，应该注意哪些操作？

（3）在过滤分离活性炭时，为什么要弃去最初一小部分滤液？

实验 8　三组分相图的绘制

一、实验目的

（1）熟悉相律以及用等边三角形坐标表示三组分相图的方法。

（2）用溶解度法绘制有一对共轭溶液的三组分（氯仿-乙酸-水）相图。

二、实验原理

在萃取时，具有一对共轭溶液的三组分相图对确定合理的萃取条件相当重要。水和氯仿的相互溶解度极小，而乙酸与水和氯仿互溶，在水和氯仿组成的两相混合物中加入乙酸，能增大水和氯仿之间的互溶度，乙酸的量越多，互溶度越大。当乙酸的加入量达到一定量时，水和氯仿能完全互溶。这时原来两相组成的混合体系由浑变清。在温度恒定的条件下，使两相体系变成均相所需要的乙酸量取决于原来混合物中水和氯仿的比例。同样，若把水加到氯仿和乙酸组成的均相混合物中，当水达到一定量时，原来的均相体系就分成水相和氯仿相的两相混合物，体系由清变浑。使体系变成两相所加的水的量，由氯仿和乙酸混合物的起始成分决定。因此利用体系在相变化时的混浊和清亮现象的出现，可以判断体系中各组分间互溶度的大小。一般由清变浑，肉眼较易分辨。所以本实验采用由均相样品加入第三物质而变成两相的方法，测定两相间的相互溶解度。

在定温定压下，三组分体系的状态和组成之间的关系通常可用等边三角形坐标来表示，如图 2.8.1 所示，等边三角形三个顶点 A、B 和 C 分别表示三种纯物质（A、B、C），AB、BC 及 CA 三边分别表示 A 和 B、B 和 C 以及 C 和 A 所组成的两组分组成。三角形内任一点则表示三组分的组成。如 O 点的组成：$w_A=\overline{Cc}$，$w_B=\overline{Aa}$，$w_C=\overline{Bb}$，即各物质的组成为过物系点 O 作各顶点对边的平行线。又因为各物质总的组成为 100%，三角形为等边三角形，所以又可以由其中的一条边表示各组分的组成，如图 2.8.2 所示。当然，给出一定组成的溶液质量分数，按照上述表示方法，也可以找出对应的物系点。

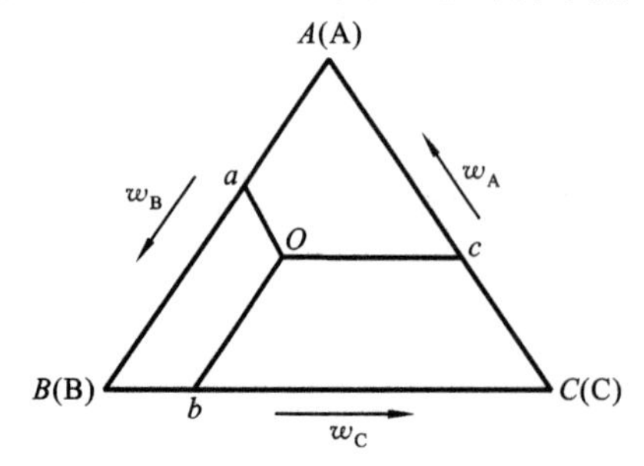

图 2.8.1　用等边三角形坐标来表示

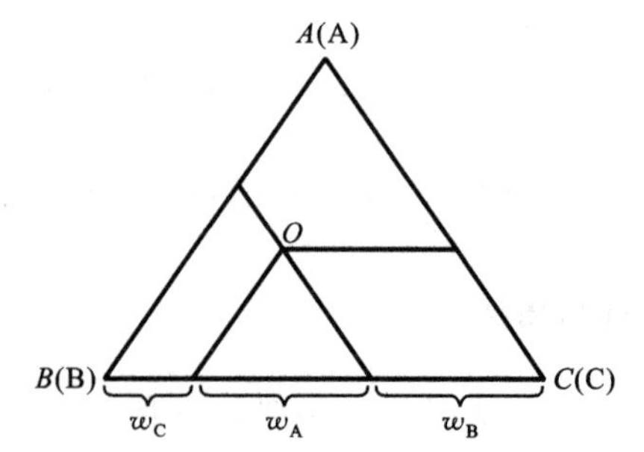

图 2.8.2　用三角形坐标来表示

对于具有一对共轭溶液的三液系相图，如图2.8.3所示，该三液系相图中A和B、A和C为完全互溶而B和C为部分互溶，曲线 abc 为溶解度曲线。曲线上方为单相区，曲线下方为两相区，物系点落在两相区内，即分为两相，如 X 点则分成组成为E和F的两相，而 EF 线称为连接线。

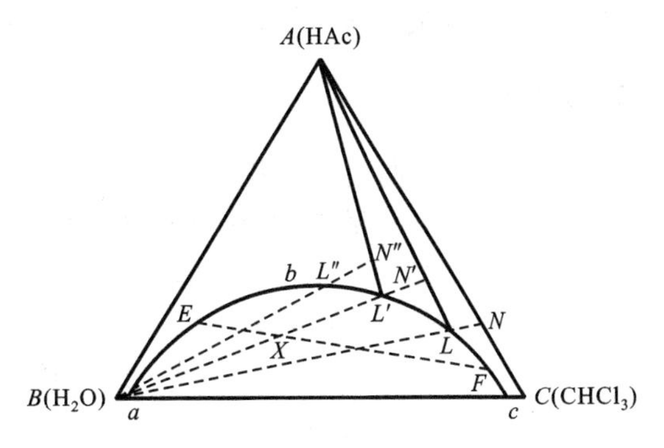

图 2.8.3　具有一对共轭溶液的三液系相图

溶解度曲线的绘制方法很多。本实验先以完全互溶的两个组分（如A和C），以一定的比例混合所组成的均相溶液，如图2.8.3上的 N 点，滴加组分B，根据平衡相图的直线规则，则物系点沿着 NB 移动，直至溶液变浑，即为 L 点。再加入A，物系点由 LA 上升至 N' 点而变清。再加入B，此时物系点又沿着 $N'B$ 由 N' 移动至 L' 而再次变浑，再滴加A变清……如此反复，最后连接 L、L'、L''……即可画出溶解度曲线。

三、仪器与试剂

铁架台1个；酸式、碱式滴定管各1支；1 mL、2 mL、5 mL、10 mL吸量管各1支；25 mL磨口锥形瓶4个；200 mL锥形瓶2个；100 mL锥形瓶（磨口、具塞）8个；分液漏斗2个；漏斗架1个。

氯仿（A. R.）；乙酸（A. R.）；0.5 mol · L^{-1} NaOH标准溶液；酚酞；蒸馏水。

四、实验步骤

（1）取2支洁净的滴定管，分别装入乙酸及水（装乙酸的滴定管应事先干燥）。用吸量管加6 mL氯仿于干净的100 mL磨口锥形瓶内，再用滴定管滴入1 mL乙酸。摇匀成均相后，由滴定管慢慢滴入蒸馏水，边滴边摇动，并仔细观察有无混浊现象，直到有混浊的“油珠”出现，记下这时所用水的体积。

（2）再向此瓶加入2 mL乙酸，体系又成均相。继续用水滴定，使体系再由清变浑。分别记下这时体系中所加入氯仿、乙酸及水的总体积。然后依次再加入3.5 mL、6.5 mL乙酸。同法分别用水进行滴定，并记录体系中各组分的含量。测定后，在体系中再加入40 mL水，使体系分成两相，塞好塞子，留给下面测定连接线用。

（3）另取一个干净的100 mL磨口锥形瓶，先用吸量管加入1 mL氯仿及3 mL乙酸，摇成均相后，用水滴定，使其成两相。然后依次加入2 mL、5 mL、6 mL的乙酸，用水滴定，方法同前。滴完后，加9 mL氯仿和5 mL乙酸，使体系分成两相。塞好瓶塞留待测连接线用。

（4）将由上述所得的两溶液中各个组分的含量准确地记录下来。将瓶塞塞紧后，用力摇动，摇动时勿使瓶内液体流出。然后每隔5 min摇一次，约半小时后，分别倒入两个干净的分液漏斗内。待两溶液分层后，分别将各层液体放入干净的磨口锥形瓶中，用2 mL移液管取上层溶液2 mL置于已称好的25 mL磨口锥形瓶内，准确称其质量，然后用水洗入200 mL锥形瓶中，加少许酚酞，用NaOH标准溶液滴定其中乙酸的含量。

同样用1 mL吸量管取下层液体1 mL，称量，以酚酞为指示剂，用NaOH标准溶液滴定乙酸的含量。

在不用分液漏斗分离，直接采用移液管取下层液体时，可采用洗耳球吹气法。即在轻轻吹气的同时将移液管插入下层液体,这样可防止上层液体进入移液管中。

五、数据处理

(1) 互溶度曲线的绘制。

根据各次所用的苯、乙酸和水的体积以及在实验所处的温度下水、苯、乙酸的密度,求算每次体系出现复相时这三种组分的质量及体系的总质量。计算三种组分所占的质量分数。按表2.8.1列出各次所得的数据。

表 2.8.1　绘制互溶度曲线实验数据

<table>
<tr><th colspan="2" rowspan="2">序号</th><th colspan="3">氯仿
(密度:　　)</th><th colspan="3">乙酸
(密度:　　)</th><th colspan="3">水
(密度:　　)</th><th rowspan="2">总质量/g</th><th rowspan="2">终点记录</th></tr>
<tr><th>体积/mL</th><th>质量/g</th><th>质量分数/(%)</th><th>体积/mL</th><th>质量/g</th><th>质量分数/(%)</th><th>体积/mL</th><th>质量/g</th><th>质量分数/(%)</th></tr>
<tr><td rowspan="4">Ⅰ</td><td>1</td><td>6</td><td></td><td></td><td>1</td><td></td><td></td><td></td><td></td><td></td><td></td><td>混浊</td></tr>
<tr><td>2</td><td>6</td><td></td><td></td><td>3</td><td></td><td></td><td></td><td></td><td></td><td></td><td>混浊</td></tr>
<tr><td>3</td><td>6</td><td></td><td></td><td>6.5</td><td></td><td></td><td></td><td></td><td></td><td></td><td>混浊</td></tr>
<tr><td>4</td><td>6</td><td></td><td></td><td>13</td><td></td><td></td><td></td><td></td><td></td><td></td><td>混浊</td></tr>
<tr><td rowspan="4">Ⅱ</td><td>1</td><td>1</td><td></td><td></td><td>3</td><td></td><td></td><td></td><td></td><td></td><td></td><td>混浊</td></tr>
<tr><td>2</td><td>1</td><td></td><td></td><td>5</td><td></td><td></td><td></td><td></td><td></td><td></td><td>混浊</td></tr>
<tr><td>3</td><td>1</td><td></td><td></td><td>10</td><td></td><td></td><td></td><td></td><td></td><td></td><td>混浊</td></tr>
<tr><td>4</td><td>1</td><td></td><td></td><td>16</td><td></td><td></td><td></td><td></td><td></td><td></td><td>混浊</td></tr>
</table>

根据表2.8.1数据,在计算机上用Origin软件完成图形的绘制。

(2) 连接线的绘制。

① 计算两瓶中氯仿、乙酸和水的质量分数,画于上面的三组分相图内。

② 由所取各相的质量及由NaOH滴定所得的数据,求出乙酸在各相内的质量分数。

③ 将乙酸的质量分数画在三组分相图的互溶度曲线上。水层内的乙酸含量画于含水成分多的一边,氯仿层内的乙酸含量画于含氯仿成分多的另一边。

连接两个成平衡的液层的组成点,即为连接线。该连接线应通过体系的总组成点。

六、注意事项

(1) 此实验由于有水参加,故所用玻璃容器都必须干燥。

(2) 在滴定时要一滴一滴慢慢地加,特别是乙酸含量很少时,更应特别注意。在乙酸含量较多时,开始时可滴得快一些,接近终点时要慢慢地滴定,因为这时溶液接近饱和,溶解平衡需要较长的时间,因此更要多加振荡。由于分散的"油珠"颗粒能散射光线,因此只要体系出现混浊,而在2~3 min内仍不消失,即可认为已到终点。

(3) 实验后的废液应倒入废液缸中,以防腐蚀下水道。

七、思考题

(1) 如连接线不通过物系点,其原因可能是什么?

（2）在用水滴定溶液的最后，溶液由清到浑的终点不明显，这是为什么？

（3）为什么说具有一对共轭溶液的三液系相图对确定各区的萃取条件极为重要？

实验 9　凝固点降低法测定摩尔质量

一、实验目的

（1）正确使用精密温差测量仪，掌握凝固点的测定技术。

（2）用凝固点降低法测定萘的摩尔质量。

（3）通过实验进一步理解稀溶液依数性。

二、实验原理

固体溶剂与溶液成平衡的温度称为溶液的凝固点。当溶质与溶液不形成固溶体，而且浓度很稀时，溶液的凝固点降低与溶质的质量摩尔浓度成正比，即

$$\Delta T_f = T_f^* - T_f = K_f b_B \tag{2-9-1}$$

式中：ΔT_f 为凝固点降低值；T_f^* 为纯溶剂的凝固点；T_f 为溶液的凝固点；K_f 为凝固点降低常数；b_B 为溶质的质量摩尔浓度（单位为 $mol \cdot kg^{-1}$）。

因为 b_B 可以表示为

$$b_B = \frac{1000 m_B}{M_B m_A} \tag{2-9-2}$$

代入式(2-9-1)可得

$$M_B = \frac{1000 m_B K_f}{\Delta T_f m_A} \tag{2-9-3}$$

式中：M_B 为溶质的摩尔质量；m_B 和 m_A 分别表示溶质和溶剂的质量（单位为 g）。从文献中可查得 K_f 值（环己烷的 $K_f = 20.00$），并且可通过实验求出 ΔT_f 值，然后可以利用式(2-9-3)求出溶质的摩尔质量 M_B 。

应该注意，若溶质在溶液中有解离、缔合、溶剂化和配合物形成等情况时，不能简单地运用式(2-9-3)计算溶质的摩尔质量。显然，溶液凝固点降低法可用于溶液热力学性质，如电解质的解离度、溶质的缔合度、溶剂的渗透系数和活度系数等的研究。

纯溶剂的凝固点是它的液相和固相共存时的平衡温度。若将纯溶剂逐步冷却，理论上其冷却曲线（或称步冷曲线）应如图 2.9.1 曲线Ⅰ所示。但实际过程中往往发生过冷现象，液体的温度要下降到凝固点以下才析出晶体，随后温度上升至凝固点，待液体全部凝固后，温度再逐渐下降，其步冷曲线呈图 2.9.1 曲线Ⅱ的形状。若过冷太甚，则会出现图 2.9.1 中曲线Ⅲ的形状。

溶液凝固点的精确测量，难度较大。当将溶液逐步冷却时，其步冷曲线与纯溶剂不同，见图 2.9.1 中曲线Ⅳ、Ⅴ、Ⅵ。由于溶液冷却时有部分溶剂凝固析出，使剩余溶液的浓度逐渐增大，因而剩余溶液与溶剂固相的平衡温度也逐渐下降，如图 2.9.1 中曲线Ⅳ。通常稍有过冷现象发生，如图 2.9.1 中曲线Ⅴ，此时可将温度回升到的最高值近似地作为溶液的凝固点。若过冷太甚，凝固的溶剂过多，溶液的浓度变化过大，如图 2.9.1 中曲线Ⅵ，则测得的凝固点将偏低，必然影响溶质摩尔质量的测定结果。因此在测量过程中应该设法控制适当的冷却程度，一

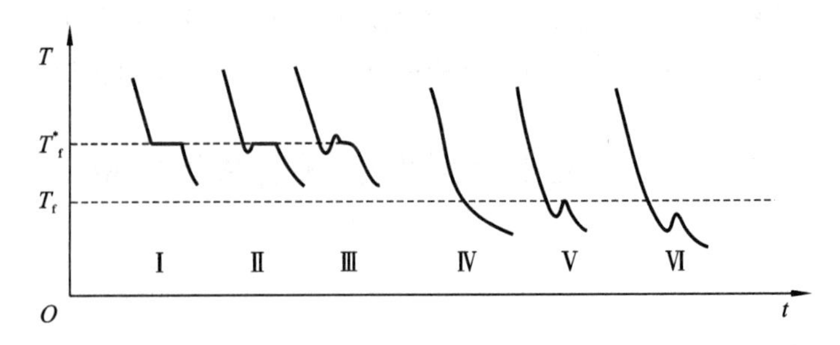

图 2.9.1 步冷曲线示意图

般可通过控制冰水混合物的温度、搅拌速度等方法来达到。

严格地说，纯溶剂和溶液的步冷曲线均应通过外推法求得凝固点。如图 2.9.1 中曲线Ⅲ应以平台段温度为准。曲线Ⅵ则可以将凝固点固相的冷却曲线向上外推至与液相段相交，并以此交点温度作为凝固点。

三、仪器与试剂

凝固点测定仪 1 套；精密温差测量仪 1 套；压片机 1 台；500 mL 烧杯 1 个；洗耳球 1 个；25 mL 移液管 1 支；水银温度计(分度值 0.1 ℃)1 支。

环己烷 (A. R.)；萘(A. R.)；碎冰。

四、实验步骤

(1) 安装仪器。

按图 2.9.2 将凝固点测定仪安装好。注意测定管、搅拌棒要清洁、干燥。探头、温度计都需与搅拌棒有一定空隙，防止搅拌时发生摩擦。

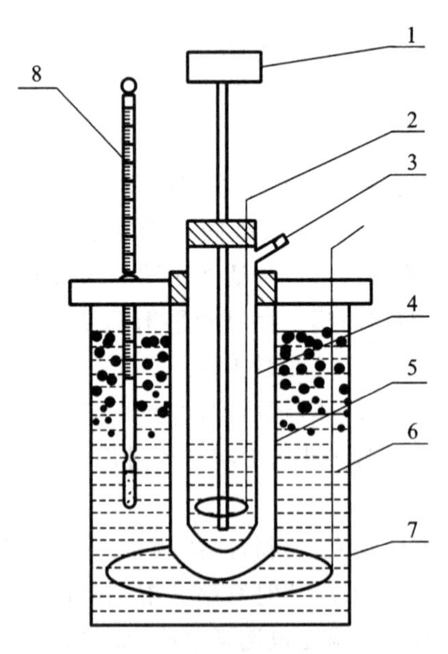

图 2.9.2 凝固点降低实验装置

1—贝克曼温度计；2—内管搅拌棒；3—投料支管；4—凝固点管；5—空气套管；6—寒剂搅拌棒；7—冰水浴槽；8—普通温度计

（2）调节冰水混合物的温度。

取自来水注入冰水浴槽中（水量以冰水浴槽容积的 2/3 为宜），然后加入冰屑，以保持水温 3～3.5 ℃为宜。实验时冰水混合物应经常搅拌并间断地补充少量的碎冰，使冰水混合物温度基本保持不变。

（3）测定纯溶剂环己烷的凝固点。

用移液管移取 25 mL 环己烷，注入凝固点管中，将盛有环己烷的凝固点管直接插入冰水混合物中，上下移动内管搅拌棒，使溶剂逐步冷却。当有固体析出时，将管外冰水擦干，将凝固点管插入空气套管中，仍缓慢而均匀地搅拌，使温度回升至最高而稳定，读出环己烷的近似凝固点。取出冷冻管，温热，使析出的结晶全部融化，再将凝固点管直接插入冰水混合物中，使溶剂逐步冷却，当溶剂温度降至高于近似凝固点 0.5 ℃时迅速取出凝固点管，擦干后插入空气套管中，然后将搅拌器插入凝固点管中，插入温差测量仪探头，打开搅拌器开关。同时，冰水浴槽中的搅拌器也均匀缓慢地搅拌，以每 1～2 s 一次为宜。接着打开精密温差测定仪的计时开关，每 30 s 记录温度一次，连续记录到过冷后温度回升并稳定数分钟后，停止实验。按上述方法再测定 2 次。用作图法确定环己烷的凝固点，要求其绝对平均误差小于±0.003 ℃。

（4）测定溶液的凝固点。

取出凝固点管，用手将其捂热，使析出的环己烷结晶全部熔化。用压片机制成重 0.20～0.30 g 的萘片，用电子天平精确称重，然后加到凝固点管内的溶剂中，注意防止萘黏着于管壁、温度计或搅拌棒上。待萘全部溶解后，按上述方法测定溶液的凝固点，重复测定 3 次。用作图法确定溶液的凝固点，要求其绝对平均误差小于±0.003 ℃。

五、数据处理

（1）用 $d_t(\mathrm{g \cdot mL^{-1}}) = 0.7971 - 0.8879 \times 10^{-3} t$ 计算室温 t 下环己烷密度，计算溶剂质量 m_A 。

（2）根据温度-时间图（图 2.9.3），用外推法确定纯溶剂的凝固点 T_f^* 和溶液的凝固点 T_f ，计算萘的摩尔质量 M_B ，并判断萘在环己烷中的存在形式。

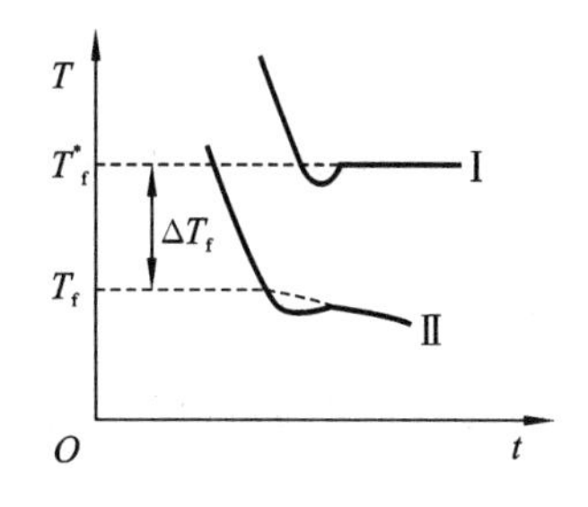

图 2.9.3　温度-时间图

Ⅰ—溶剂冷却曲线；Ⅱ—溶液冷却曲线

六、注意事项

（1）萘的质量要在电子天平上精确称量。

（2）空气套管取下时，要平放桌面上，不要垂直放置，以免损坏。

（3）冰水浴温度对实验结果也有很大影响，过高会导致冷却太慢，过低则测不出正确的凝固点。

（4）市售的分析纯环己烷一般会吸收空气中的水蒸气，并含有微量的杂质，因此实验前需用高效精馏柱蒸馏精制，并用 5A 分子筛进行干燥，否则会使纯溶剂凝固点测量值偏低。

七、思考题

（1）凝固点降低法测摩尔质量的公式，在什么条件下才能使用？

（2）当溶质在溶液中有解离、缔合和生成配合物的情况时，对摩尔质量测定值影响如何？

（3）计算实验测量结果的误差，说明影响凝固点精确测量的因素有哪些。

实验10 乙酸解离平衡常数的测定

一、实验目的

(1) 用电导法测定乙酸的解离平衡常数。

(2) 学会使用电导率仪。

二、实验原理

乙酸在水溶液中呈现下列平衡：

$$\mathrm{HAc} \rightleftharpoons \mathrm{H^+} + \mathrm{Ac^-}$$

$$c(1-\alpha) \qquad c\alpha \qquad c\alpha$$

则解离平衡常数

$$K_c^\ominus = \frac{\frac{c}{c^\ominus}\alpha^2}{1-\alpha} \tag{2-10-1}$$

式中：c 为乙酸浓度；α 为解离度；$c^\ominus$ 为标准浓度，其值为 1 $\mathrm{mol \cdot L^{-1}}$。

本实验用电导法测定解离平衡常数。

电解质的解离度 α 等于溶液在浓度为 c 时的摩尔电导率 Λ_m 和溶液在无限稀释时的摩尔电导率 Λ_m^∞ 之比，即

$$\alpha = \frac{\Lambda_m}{\Lambda_m^\infty} \tag{2-10-2}$$

将式(2-10-2)代入式(2-10-1)，得

$$K_c^\ominus = \frac{\frac{c}{c^\ominus}\Lambda_m^2}{\Lambda_m^\infty(\Lambda_m^\infty - \Lambda_m)} \tag{2-10-3}$$

式中的 Λ_m^∞ 可根据柯尔劳施定律，由离子的无限稀释摩尔电导率计算得到，如 25 ℃时：

$$\Lambda_{m,HAc}^\infty = \Lambda_{m,H^+}^\infty + \Lambda_{m,Ac^-}^\infty = (349.8+40.9)\times10^{-4}\ \mathrm{S\cdot m^2\cdot mol^{-1}} = 390.7\times10^{-4}\ \mathrm{S\cdot m^2\cdot mol^{-1}}$$

而 Λ_m 可由下式求出：

$$\Lambda_m = \frac{\kappa}{c} \tag{2-10-4}$$

式中：c 为溶液的浓度，$\mathrm{mol\cdot m^{-3}}$；κ 为该浓度时电解质溶液的电导率，$\mathrm{S\cdot m^{-1}}$；Λ_m 的单位为 $\mathrm{S\cdot m^2\cdot mol^{-1}}$。

只要测得电导率 κ，就可以求得 Λ_m 和 $K_c^\ominus$。

将电解质溶液放入两平行板电极之间，若两电极的面积均为 A，距离为 l，这时中间溶液的电导

$$G = \kappa\frac{A}{l} = \frac{\kappa}{K_{cell}} \tag{2-10-5}$$

其中，$K_{cell} = \frac{l}{A}$，对于一定的电导池为常数，称为电导池常数，单位为 $\mathrm{m^{-1}}$。

三、仪器与试剂

DDS-11A 型电导率仪 1 台；恒温水浴装置 1 套；100 mL 容量瓶 1 个；50 mL 容量瓶 4 个；

25 mL 移液管 2 支；100 mL 烧杯 3 个。

0.01 mol·L^{-1}KCl 标准溶液；0.1 mol·L^{-1}HAc 溶液；0.01 mol·L^{-1} HAc 溶液。

四、实验步骤

(1) 调节恒温水浴温度为(25±0.01) ℃。

(2) 在容量瓶中用 0.1 mol·L^{-1}乙酸溶液配制浓度为其 $\frac{1}{4}$、$\frac{1}{8}$、$\frac{1}{16}$、$\frac{1}{32}$ 的溶液各 50 mL。

(3) 测量电导池常数：用蒸馏水充分洗涤电导池和电极，用少量 0.01 mol·L^{-1}KCl 标准溶液洗 3 次，注入 0.01 mol·L^{-1}KCl 标准溶液，使液面超过铂黑电极 1 cm，恒温 5～10 min 后测量电导池常数。测量方法参见第六章第二节。

(4) 测量 5 份不同浓度的乙酸溶液的电导率：将电导池中的 KCl 标准溶液倒掉，用蒸馏水洗净，再用少量被测乙酸溶液洗涤电导池及电极 3 次，注入被测乙酸溶液至超过铂黑电极约 1 cm，恒温 5～10 min 后测其电导率。

使用 DDS-11A 型电导率仪测定电导率的方法如下：

① 将“常数”旋钮调节至测出的电极常数位置；

② 将“高周/低周”开关扳至“低周”；

③ 将“校正/测量”开关扳至“校正”；

④ 调节“调正”旋钮使电表指示满刻度；

⑤ 将“校正/测量”开关扳至“测量”；

⑥ 选择合适量程，读数。

(5) 测定乙酸后，用蒸馏水洗净电导池，重测电导池常数，看有无变化。

(6) 关闭仪器，切断电源，洗净仪器，将电极浸入蒸馏水中放置好。

五、数据处理

将实验所测数据记录并进行处理，结果填入表 2.10.1 中。

表 2.10.1　电导法测定 HAc 的电导率和 $K_c^\ominus$

实验温度________℃　电导池常数________ m^{-1}

乙酸浓度/(mol·L^{-1})	电导率 κ/(S·m^{-1})	摩尔电导率 Λ_m/(S·m^2·mol^{-1})	解离度 α	解离平衡常数 $K_c^\ominus$	$K_c^\ominus$平均值

六、注意事项

(1) HAc 溶液浓度一定要配制准确，测量顺序一定要从稀到浓。

(2) 使用铂电极时不能碰撞，不要直接冲洗铂黑，不用时应将电极浸在蒸馏水中。

(3) 盛被测溶液的容器必须清洁，无其他电解质沾污。

七、思考题

水的纯度对测定有何影响?

实验11　铈(Ⅵ)-乙醇配合物组成及生成常数的测定

一、实验目的

(1) 用分光光度法测定铈(Ⅳ)-乙醇配合物组成及生成常数。

(2) 了解用物理法测定平衡组成的方法。

(3) 了解用外推法求不可测平衡数据的方法。

二、实验原理

Ce(Ⅳ)的水溶液显橙黄色,加入醇类则颜色立即加深,根据溶液最大吸收向更长的波长位移这一事实,可以推测Ce(Ⅳ)与醇类形成配合物,且配位平衡建立得很快。

$$m\text{Ce(Ⅳ)} + n\text{ROH} \xrightleftharpoons{K_{平}} \text{配合物}$$

同时还可见到颜色逐渐减退,直到无色。由此可推测配合物中发生电子转移,生成的配合物逐步分解成无色的Ce(Ⅲ)和醇的氧化物。

设有金属离子M和配位体L,其中只有M显色,反应后生成另一种颜色更深的配合物ML_n,则配位平衡时,混合溶液的吸光度将是M和ML_n的吸光度之和,即

$$A_{混} = \varepsilon_{配} cxl + \varepsilon_M c(1-x)l \tag{2-11-1}$$

式中:$A_{混}$为混合液吸光度$\left(A_{混} = \lg \dfrac{I_0}{I} = \sum \varepsilon_i c_i l\right)$;$\varepsilon_{配}$、$\varepsilon_M$分别为配合物和金属离子M的摩尔吸光系数;$c$为M的总浓度;$x$为M转变为配合物的分数;$l$为光程。

如果配位体L大大过量,且只进行$M + nL \rightleftharpoons ML_n$这一反应,则可用加入配位体L的浓度代替其平衡浓度,因而可得

$$K_{平} = \frac{cx}{c(1-x)[L]^n}$$

$$x = \frac{K_{平}[L]^n}{1 + K_{平}[L]^n} \tag{2-11-2}$$

将式(2-11-2)代入式(2-11-1),得

$$\frac{1}{A_{混} - A_M} = \frac{1}{[L]^n K_{平}(\varepsilon_{配} - \varepsilon_M)cl} + \frac{1}{(\varepsilon_{配} - \varepsilon_M)cl} \tag{2-11-3}$$

可见,$\dfrac{1}{A_{混} - A_M}$与$\dfrac{1}{[L]^n}$呈线性关系。若保持金属离子M的总浓度c不变,在未加配位体L时测得A_M;改变L浓度,测得相应的$A_{混}$。以$\dfrac{1}{A_{混} - A_M}$对$\dfrac{1}{[L]}$作图,如果是一直线,则证明$n = 1$,按式(2-11-3)从直线的斜率和截距可求得$K_{平}$:

$$K_{平} = \frac{截距}{斜率} \tag{2-11-4}$$

如果所得不为直线,则设$n=2$,余下类推。

注意：因 Ce(Ⅳ)的乙醇配合物在生成后即开始分解为 Ce(Ⅲ)和醇的氧化产物，因此 $A_{混}$ 需采用外推法得出。

三、仪器与试剂

V1100 型分光光度计 1 台；50 mL 锥形瓶 8 个；2 mL、5 mL、10 mL 吸量管各 1 支；擦镜纸；洗耳球 1 个；秒表 1 块。

0.025 $mol \cdot L^{-1}$ 硝酸铈铵溶液；0.2 $mol \cdot L^{-1}$ 乙醇水溶液；蒸馏水。

四、实验步骤

(1) 用吸量管取 0.025 $mol \cdot L^{-1}$ 硝酸铈铵溶液 2 mL 放入干净的 50 mL 锥形瓶中，加 8 mL 水充分混合。以水为参比液，在 450 nm 波长下测定吸光度 A_M。

(2) 保持硝酸铈铵溶液吸取量 2 mL 不变，加入 7 mL 水，再加入 0.200 $mol \cdot L^{-1}$ 乙醇溶液 1 mL(保持总体积为 10 mL)，立即混匀并开始计时。迅速荡洗比色皿 3 次后，测定混合 1 min、2 min、3 min 后混合液在相同波长下的吸光度。用作图外推法得出混合时的吸光度，即 $A_{混}$(混合时)。

(3) 保持硝酸铈铵溶液吸取量 2 mL 不变，分别加入 1.5 mL、2.0 mL、3.0 mL、4.0 mL、5.0 mL 乙醇溶液，而加入水量则作相应减少，保持总体积为 10 mL，分别测出不同配位体浓度下的 $A_{混}$。

五、数据处理

(1) 将各时间下的吸光度数据记录在表 2-11-1 中。

表 2-11-1　吸光度数据

0.025 $mol \cdot L^{-1}$ 硝酸铈铵用量/mL	0.2 $mol \cdot L^{-1}$ 乙醇溶液用量/mL	$A_{混}$(经过不同时间)			$A_{混}$(混合时)
		1 min	2 min	3 min	
2	1.0				
2	1.5				
2	2.0				
2	3.0				
2	4.0				
2	5.0				

(2) 以 $\frac{1}{A_{混}-A_M}$ 对 $\frac{1}{[L]}$ 作图，验证是否为直线。如不为直线，则用 $\frac{1}{A_{混}-A_M}$ 对 $\frac{1}{[L]^2}$，$\frac{1}{[L]^3}$，…作图再行验证，直到得出直线，即可确定 n 值。

(3) 按式(2-11-4)计算配合物生成常数 $K_{平}$。

六、思考题

(1) 本实验方法测定有色配合物组成及生成常数有何优缺点？

(2) 如果 $\varepsilon_{配}$ 和 ε_M 相等或差别很小，是否还能用本实验方法进行测定？

(3) 实验中为什么要保持配位体过量？

实验 12　配位化合物的组成及稳定常数的测定

一、实验目的

(1) 掌握用等摩尔连续递变法测定配合物的组成和稳定常数的基本原理和方法。

(2) 掌握分光光度计的使用方法。

二、实验原理

根据朗伯-比尔(Lambert-Beer)定律有

$$A = \varepsilon bc \tag{2-12-1}$$

式中:A 为吸光度;ε 为摩尔吸光系数,在溶质、溶剂和波长一定时,ε 为常数;c 为样品浓度,$mol \cdot L^{-1}$;b 为溶液厚度,cm。

从式(2-12-1)可知:在波长一定,ε 和 b 为定值时,吸光度 A 与溶液浓度 c 成正比。此时如选择适宜的吸收波长,使其既对被测物质有最大的吸收,又使溶液中其他物质干扰最小,在此工作波长下测出一系列不同已知浓度溶液的吸光度值,作出 A-c 工作曲线,再测定未知浓度物质的吸光度 A,即能从 A-c 工作曲线上求得相应的浓度值。

对配合物 ML_n,在溶液中存在着配位及解离反应,其反应式为

$$M + nL \rightleftharpoons ML_n$$

达到平衡时,有

$$K_{稳} = \frac{[ML_n]}{[M][L]^n} \tag{2-12-2}$$

式中:$K_{稳}$ 为配合物稳定常数;$[M]$为达到平衡时溶液中金属离子的浓度,$mol \cdot L^{-1}$;$[L]$为达到平衡时溶液中配位体的浓度,$mol \cdot L^{-1}$;$[ML_n]$为达到平衡时配合物的浓度,$mol \cdot L^{-1}$;n 为配合物的配位数。

在$[M]+[L]$为一定值的条件下,改变$[M]$和$[L]$,则当$[L]/[M]=n$ 时,配合物浓度可达最大值,也即

$$\frac{d[ML_n]}{d[M]} = 0 \tag{2-12-3}$$

配合物的形成常伴有明显的颜色变化。如果在可见光的某个波长区域,配合物 ML_n 有很强的吸收,而金属离子和配位体几乎不吸收,则可用前述的分光光度法来测定配合物的组成及稳定常数。

(1) 等摩尔连续递变法测定配合物组成。

等摩尔连续递变法为一种基本的物理化学分析方法。其原理如下:配制一系列的溶液,使得金属离子和配位体的总的物质的量不变,而依次改变两个组分摩尔分数的比值,则这一系列溶液称为等摩尔系列溶液。测定这一系列溶液吸光度 A 的变化,再作吸光度-组成图(A-x 图),即可如式(2-12-3)所表明,从图中曲线的极大点求得配合物的组成。

为实验方便起见,操作时常取相同物质的量浓度的金属离子溶液和配位体溶液,维持总体积不变,按金属离子和配位体不同的体积比配制一系列溶液,则体积比也相当于摩尔分数的比值。假定 A 在极大值时配位体 L 溶液的摩尔分数为 x_L,则

$$x_L = \frac{V_L}{V_M + V_L}$$

因此，金属离子的摩尔分数为

$$x_M = 1 - x_L$$

故配位数

$$n = \frac{x_L}{x_M} = \frac{x_L}{1 - x_L} \tag{2-12-4}$$

由于在选定的工作波长下，金属离子和配位体仍存在着一定程度的吸收，故所得到的吸光度并不完全是由配合物 ML_n 的吸收所引起的，因此必须加以校正。

方法如下：如图 2.12.1 所示，在 A-x_L 曲线图上，连接[M]＝0 及[L]＝0 两点的直线 MN，则直线上所表示的不同组成的吸光度值可认为是由于金属离子和配位体的吸收所引起的。因此，校正后该溶液组成下配合物浓度的吸光度值 ΔA 应为实验所得到的吸光度值 A 减去相应组成直线上的吸光度值 A_0，即 $\Delta A = A - A_0$。然后作 ΔA-x_L 曲线，即可从曲线极大点求得配合物的实际组成，如图 2.12.2 所示。

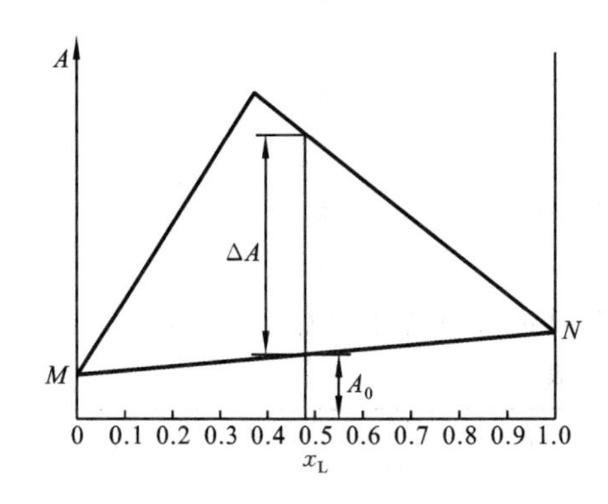

图 2.12.1　校正前的 A-x_L 曲线

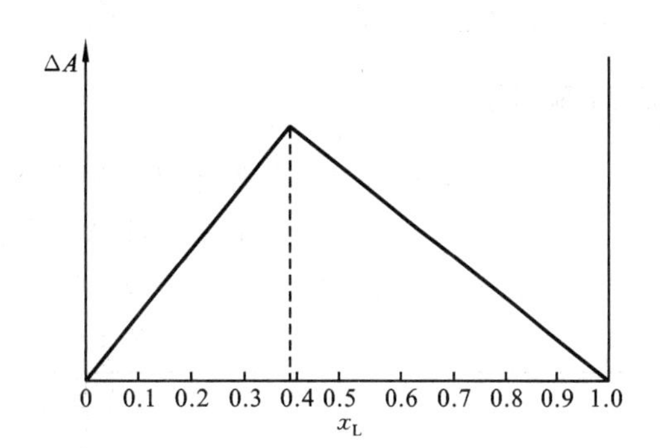

图 2.12.2　校正后的 ΔA-x_L 曲线

(2) 稳定常数的测定。

在测定配合物组成后，即可根据下述方法求算配合物的稳定常数。设开始时金属离子和配位体的浓度分别用 a、b 表示，达到平衡时配合物的浓度为 x，因此有

$$K_{稳} = \frac{x}{(a - x)(b - nx)^n} \tag{2-12-5}$$

由于吸光度已校正，故可认为溶液的吸光度正比于配合物的浓度。配制两组金属离子和配位体总的物质的量不同的系列溶液，在同一个坐标图上分别作两组溶液的吸光度-组成图，可得两条曲线，在这两条曲线上找出吸光度相同的两点，如图 2.12.3 所示：过纵轴上的任一点作横轴的平行线，交两曲线于 C、D 两点，此两点所对应的溶液的配合物 ML_n 浓度应相同。现设对应于 C、D 两点溶液中的金属离子和配位体的浓度分别为 a_1、b_1 和 a_2、b_2，则从式(2-12-5)可得

$$K_{稳} = \frac{x}{(a_1 - x)(b_1 - nx)^n} = \frac{x}{(a_2 - x)(b_2 - nx)^n} \tag{2-12-6}$$

解上述方程，可求得 x，然后由式(2-12-5)可计算配合物的稳定常数 $K_{稳}$。

三、仪器与试剂

分光光度计 1 台；酸度计 1 台；50 mL 酸式滴定管 2 支；250 mL 量筒 1 个；50 mL 容量瓶 22 个；10 mL 移液管 3 支。

0.005 mol·L^{-1}硫酸铁铵溶液；0.005 mol·L^{-1}“试钛灵”(1,2-二羟基苯-3,5-二磺酸钠)

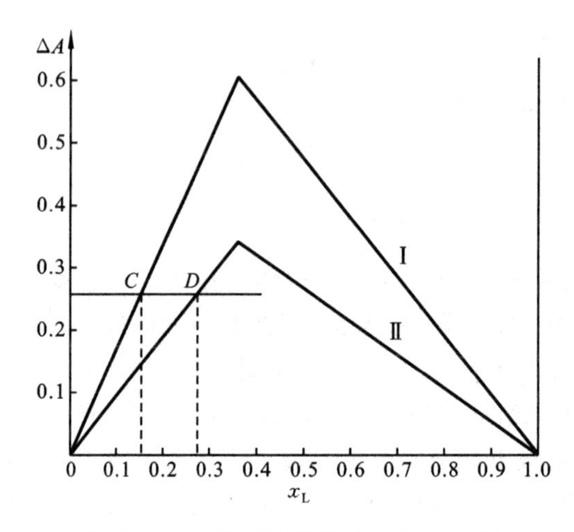

图 2.12.3　两系列溶液的 ΔA-x_L 曲线

溶液;pH 值为 4.6 的 HAc-NH_4Ac 缓冲溶液。

四、实验步骤

(1) 分光光度计的工作原理及使用方法参见第六章第一节。

(2) 配制 pH=4.6 的 HAc-NH_4Ac 缓冲溶液 250 mL。

(3) 按表 2.12.1 配制 11 个待测溶液样品,依次将各样品加蒸馏水稀释至 50 mL。

表 2.12.1　待测溶液配制表

编号	1	2	3	4	5	6	7	8	9	10	11
0.005 mol·L^{-1} Fe^{3+} 溶液体积/mL	0.00	1.00	2.00	3.00	4.00	5.00	6.00	7.00	8.00	9.00	10.00
0.005 mol·L^{-1}"试钛灵"溶液体积/mL	10.00	9.00	8.00	7.00	6.00	5.00	4.00	3.00	2.00	1.00	0.00
pH 值为 4.6 的 HAc-NH_4Ac 缓冲溶液体积/mL	10.00										

(4) 将 0.005 mol·L^{-1} 硫酸铁铵溶液和 0.005 mol·L^{-1}"试钛灵"溶液分别稀释至 0.0025 mol·L^{-1},再按表 2.12.1 配制第二组待测溶液样品。

(5) 测定上述溶液的 pH 值(只需取其中任一样品测定即可)。

(6) 测定配合物的最大吸收波长 λ_{max}:以蒸馏水为空白试剂,用 6 号样品测定。从波长 500 nm 开始,每隔 10 nm 测定 1 次吸光度 A 值,绘出该溶液的吸收曲线,吸收曲线的最大吸收峰所对应的波长即为 λ_{max}。在此波长下,1 号和 11 号溶液样品的吸光度应接近于零。

(7) 于 λ_{max} (工作波长)下依次测定第一组和第二组溶液的吸光度 A 值。

五、数据处理

(1) 将所测实验数据填入表 2.12.2 中。

表 2.12.2　配合物组成测定数据

室温________℃　大气压________ kPa

样品编号	1	2	3	4	5	6	7	8	9	10	11
吸光度 A(第一组)											
吸光度 A(第二组)											
λ_{max} /nm					配位数 n						

(2) 作两组溶液的吸光度-组成曲线。

(3) 若在工作波长下对金属离子和配位体的吸收不完全为零，则需按前述方法进行校正，作两组溶液校正后的吸光度-组成图，求出配位数 n。

(4) 从校正后的吸光度-组成曲线找出两组溶液中有相同吸光度的两点所对应的溶液组成 a_1、b_1 和 a_2、b_2。由式(2-12-6)求得 x 值，并进一步计算配合物稳定常数。

(5) 根据 $\Delta_r G_m^{\ominus} = -RT\ln K_{稳}^{\ominus}$，计算配位反应的标准吉布斯函数变。

六、注意事项

(1) 由于溶液的 pH 值对配合物组成有影响，故配制缓冲溶液时一定要准确，注意使其 pH 值范围符合指定要求。

(2) 更换溶液测吸光度时，比色皿应用蒸馏水冲洗干净，并用待测溶液荡洗 2～3 次。

(3) 实验中应正确使用分光光度计，注意调整"0"和"满度"(100%)的位置。

(4) 本实验也可采用如下试剂：0.005 mol/L 硫酸铁胺溶液；0.005 mol/L 磺基水杨酸溶液(替代 0.005 mol/L"试钛灵"溶液)；0.05 mol/L HCl 溶液(替代 pH 为 4.6 的 HAc-NH_4Ac 缓冲溶液)。

七、思考题

(1) 在工作波长下，除配合物 ML_n之外，金属离子和配位体如仍有一定程度的吸收，应如何校正？

(2) 为什么只有在维持总的物质的量不变时，改变金属离子和配位体的摩尔分数之比，使其摩尔分数之比 $x_L/x_M = n$，配合物的浓度最大？

(3) 为什么同一坐标纸上的两条曲线上吸光度相同的两点所对应的配合物浓度相同？

Ⅱ　电化学实验

实验 13　原电池电动势的测定

一、实验目的

(1) 深入理解可逆电池电动势及可逆电极电势的基本概念。

(2) 学会一些电极的制备和处理方法。

(3) 掌握对消法测定原电池电动势的基本原理及方法。

二、实验原理

原电池是将化学能转变为电能的装置,由两个半电池组成。在电池放电反应中,正极起还原反应,负极起氧化反应,电池反应是电池中两个电极反应的总和,其电动势为组成该电池的两个电极的电极电势的代数和。

电池符号的书写习惯是左边为负极,右边为正极,“|”表示两相界面,“‖”表示盐桥,盐桥的作用主要是降低两相之间的接界电势。

例如:铜-锌电池 $Zn \mid ZnSO_4(a_{Zn^{2+}}) \parallel CuSO_4(a_{Cu^{2+}}) \mid Cu$

负极反应 $Zn(s) \longrightarrow Zn^{2+}(a_{Zn^{2+}}) + 2e^-$

正极反应 $Cu^{2+}(a_{Cu^{2+}}) + 2e^- \longrightarrow Cu(s)$

电池总反应 $Zn(s) + Cu^{2+}(a_{Cu^{2+}}) \longrightarrow Zn^{2+}(a_{Zn^{2+}}) + Cu(s)$

电池电动势

$$\begin{aligned} E &= \varphi_{右} - \varphi_{左} = \varphi_{+} - \varphi_{-} \\ &= \left(\varphi^{\ominus}_{Cu^{2+},Cu} - \frac{RT}{2F}\ln\frac{1}{a_{Cu^{2+}}}\right) - \left(\varphi^{\ominus}_{Zn^{2+},Zn} - \frac{RT}{2F}\ln\frac{1}{a_{Zn^{2+}}}\right) \\ &= E^{\ominus} - \frac{RT}{2F}\ln\frac{a_{Zn^{2+}}}{a_{Cu^{2+}}} = E^{\ominus} - \frac{RT}{2F}\ln\frac{\gamma_{\pm}\, c_{Zn^{2+}}}{\gamma_{\pm}\, c_{Cu^{2+}}} \end{aligned} \tag{2-13-1}$$

式中:φ_{+} 为正极电极电势;φ_{-} 为负极电极电势;$\varphi^{\ominus}_{Cu^{2+},Cu}$ 为铜电极在标准状态下的电极电势;$\varphi^{\ominus}_{Zn^{2+},Zn}$ 为锌电极在标准状态下的电极电势;$E^{\ominus}$ 为铜-锌电池在标准状态下的电池电动势;a 为活度;$\gamma_{\pm}$ 和 c 分别表示平均活度系数和浓度。式(2-13-1)称为 Nernst 公式。

测量电池的电动势,要在接近热力学可逆的条件下进行,不能用伏特计直接测量,因为在测量过程中有电流通过伏特计,处于非平衡状态,因此测出的是两电极间的端电压,达不到测量电动势的目的,而只有在无电流通过的情况下,电池才处于热力学平衡状态。用对消法可达到测量原电池电动势的目的,原理见图 2.13.1。

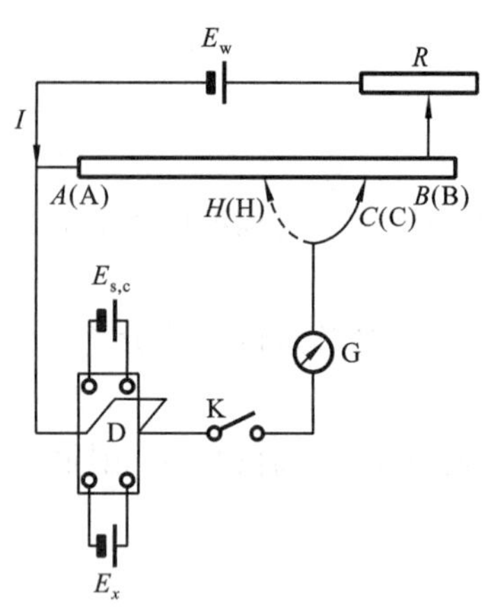

图 2.13.1 对消法测电动势示意图

图中 AB 为均匀的电阻丝,工作电池 E_w 与 AB 构成一个通路,在 AB 线段上产生了均匀的电位差。D 是双臂开关,当 D 向下时与待测电池 E_x 相通,待测电池的负极与工作电池的负极并联,正极则经过检流计 G 接到滑动接头 C 上,这样就等于在电池的外电路上加上一个方向相反的电位差,它的大小由滑动点的位置来决定。移动滑动点的位置就会找到某一点(例如 C 点),当检流计中没有电流通过,此时电池的电动势恰好和 AC 线段上的电位差在数值上相等而方向相反。为了求得 AC 线段的电位差值,可以将 D 向上扳至与标准电池相接,标准电池的电动势是已知的,而且保持恒定,设为 E',用同样方法可以找出另一点 H,使检流计中没有电流通过,AH 线段的电位差就等于 E'。因为电位差与电阻线的长度成正比,故待测电池的电动势为 $E_x = E'\dfrac{\overline{AC}}{\overline{AH}}$。调整工作回路中的 R,可使电流控制在所要求的大小,使 AB 线段上的电位差达到所要求的量程范围。

三、仪器与试剂

SDC-Ⅱ型数字电位差综合测试仪 1 台；饱和甘汞电极 1 支；锌电极 1 支；铜电极 2 支；电极管 3 支；10 mL 烧杯 3 个；50 mL 烧杯 1 个；洗耳球 1 个。

0.1000 mol · L^{-1} $ZnSO_4$ 溶液；0.1000 mol · L^{-1} $CuSO_4$ 溶液；0.0010 mol · L^{-1} $CuSO_4$ 溶液。

四、实验步骤

(1) 电极制备。

① 铜电极的制备。

将铜电极从电极管中取出后，放入混合酸（HNO_3、H_2SO_4、CrO_3）溶液中浸一下，除去氧化物，用水冲洗干净。放入电镀槽内电镀 5 min，电流密度控制在 20 mA · cm^{-2}，见图 2.13.2。

电镀后将铜电极取出，用水冲洗干净，再用蒸馏水淋洗，插入电极管，塞紧橡皮塞。取 10 mL 烧杯盛入 $CuSO_4$ 溶液，将电极管的弯嘴插入烧杯中的溶液，将 $CuSO_4$ 溶液吸入电极管内荡洗 2 次，再装入溶液，要求电极管内无气泡和漏液现象。

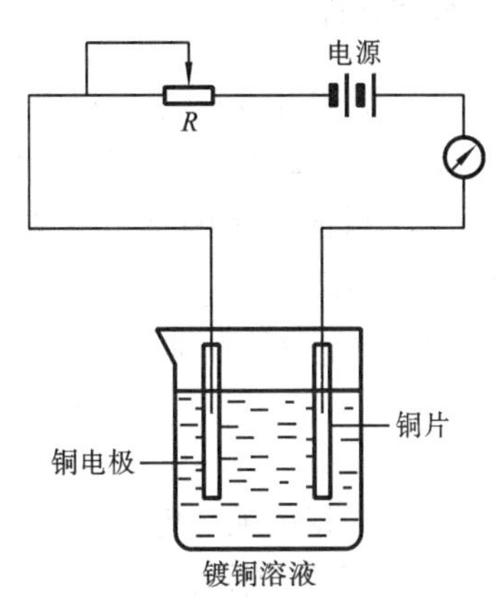

图 2.13.2　电镀铜电极装置

② 锌电极制备。

将锌电极从电极管中取出，放入装有稀盐酸的瓶中浸洗几秒钟，除掉锌电极上的氧化层。取出后用自来水洗涤，再用蒸馏水淋洗，然后浸入饱和硝酸亚汞溶液中 3～5 s，取出后用滤纸擦拭锌电极，使锌电极表面上有一层均匀的汞齐，再用蒸馏水洗净（汞有剧毒，用过的滤纸不能乱丢，应放在指定的地方），从环保角度考虑可不用硝酸亚汞溶液处理锌电极，而用稀盐酸处理锌电极，再用金相细砂纸擦亮。将处理好的锌电极直接插入电极管中，并将橡皮塞塞紧，以免漏气。然后用 10 mL 烧杯盛 0.1000 mol · L^{-1} $ZnSO_4$ 溶液，将电极管插入烧杯中，用洗耳球对着电极管上的橡皮管抽气，直到溶液浸没电极头。注意电极管不得有气泡和漏液现象。

(2) 电池组合。

电池组合有两种装置，见图 2.13.3(a)、(b)。

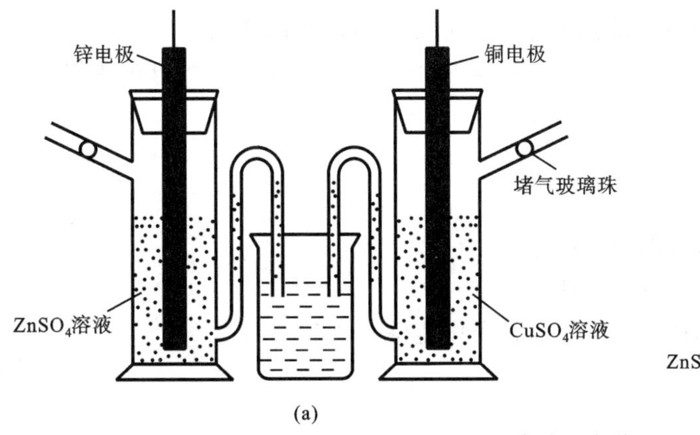

(a)

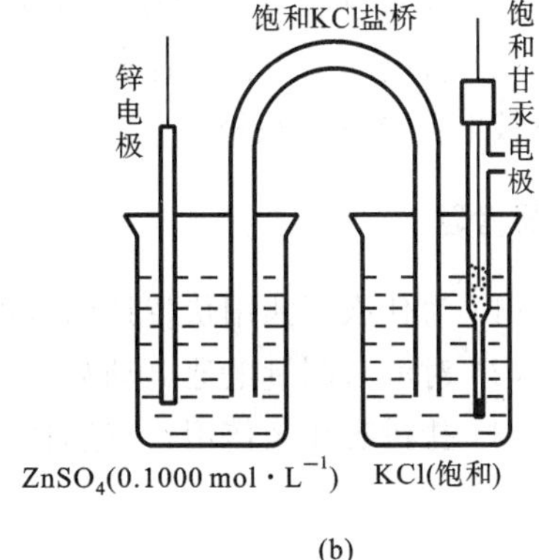

(b)

图 2.13.3　电池组合装置

电池组如下：

① $Zn|ZnSO_4(0.1000\ mol \cdot L^{-1}) \| CuSO_4(0.1000\ mol \cdot L^{-1})|Cu$

② $Zn|ZnSO_4(0.1000\ mol \cdot L^{-1}) \| KCl$(饱和)$|Hg_2Cl_2|Hg$

③ $Hg|Hg_2Cl_2|KCl$(饱和)$\| CuSO_4(0.1000\ mol \cdot L^{-1})|Cu$

④ $Cu|CuSO_4(0.0010\ mol \cdot L^{-1}) \| CuSO_4(0.1000\ mol \cdot L^{-1})|Cu$

(3) 电动势的测定。

① SDC-Ⅱ型数字电位差综合测试仪的使用方法见第六章第三节。按要求接好电路，注意正、负极不能接反。

② 分别测定上述四个电池的电动势，每测完一次，再重复 2～5 次，并取平均值。

因为测定的是平衡电势，每次测完要间隔 5 min 再测定。数值偏差应小于±0.5 mV。

五、数据处理

(1) 计算室温下饱和甘汞电极的电极电势(取前两项，t 为室温(℃))。

$\varphi_{甘} = 0.2412 - 6.61 \times 10^{-4}(t-25) - 1.75 \times 10^{-6}(t-25)^2 - 9.16 \times 10^{-10}(t-25)^3$

(2) 根据 Nernst 公式计算上述四个电池的电动势的理论值，并与测量值进行比较，计算出相对误差。

铜、锌电极的标准电极电势与温度的关系如下：

$$\varphi^{\ominus}_{Zn^{2+},Zn} = -0.7630 + 9.1 \times 10^{-5}(t-25)$$

$$\varphi^{\ominus}_{Cu^{2+},Cu} = 0.3400 + 8.0 \times 10^{-6}(t-25)$$

(3) 根据电池的电动势的实验值，分别计算锌及铜的标准电极电势的值。

有关活度计算如下。

$$a_{Zn^{2+}} = \gamma_{\pm} c_{Zn^{2+}}$$

$$a_{Cu^{2+}} = \gamma_{\pm} c_{Cu^{2+}}$$

25 ℃时：$0.1000\ mol \cdot L^{-1}$ 的 $CuSO_4$ 的 $\gamma_{\pm} = 0.16$；

$0.1000\ mol \cdot L^{-1}$ 的 $ZnSO_4$ 的 $\gamma_{\pm} = 0.15$；

$0.0010\ mol \cdot L^{-1}$ 的 $CuSO_4$ 的 $\gamma_{\pm} = 0.74$。

六、注意事项

(1) 已经生成锌汞齐的锌电极，重复使用时不必再浸入饱和硝酸亚汞溶液中使其生成锌汞齐。一定要注意粘有汞及硝酸亚汞溶液的滤纸不能乱丢，防止污染环境。

(2) 将电池与电位差计连接时应注意电极的极性，电池的正极接电位差计的正极，电池的负极接电位差计的负极。

七、思考题

(1) 为什么不能用伏特计测量电池电动势？

(2) 对消法测量电池电动势的主要原理是什么？

(3) 盐桥有什么作用？应选择什么样的电解质作盐桥？

实验 14　希托夫法测定离子迁移数

一、实验目的

(1) 掌握希托夫法测定离子迁移数的原理和操作。

(2) 了解气体库仑计的原理及应用。

(3) 加深对离子迁移数的基本概念的理解。

二、实验原理

在电场的作用下,溶液中会发生离子电迁移现象,溶液中的正离子向阴极移动,负离子向阳极移动。正、负离子共同承担导电任务,致使电解质溶液导电,由于正、负离子移动的速率不同,因此它们分担任务的百分数也不同,某一种离子迁移的电量与通过溶液总电量之比称为该离子的迁移数。

由迁移数定义有

$$t_+ = \frac{Q_+}{Q_+ + Q_-}, \quad t_- = \frac{Q_-}{Q_+ + Q_-}$$

式中:Q_+、Q_- 分别为正、负离子所迁移的电量;t_+ 及 t_- 分别为相应离子的迁移数。

希托夫法是根据电解前后阴极区或阳极区的电解质数量的变化来计算离子的迁移数的。可用图 2.14.1 来说明,设想在两个惰性电极之间有想象的平面 AA' 和 BB',将溶液分为阳极区、中间区和阴极区三部分。假定在未通电前,各区均含有各 8 mol 的正、负离子,分别用"+"、"−"符号的数量来表示正、负离子的物质的量。今通入 6 F 的电量之后,在阳极上有 6 mol 负离子发生氧化反应,在阴极上有 6 mol 正离子发生还原反应,同时溶液中的正、负离子发生电迁移。假如正离子的迁移速率是负离子的 2 倍,则在溶液中的任一截面上,将有 4 mol 正离子通过平面向阴极移动,有 2 mol 负离子通过平面向阳极移动,通电完毕后,中间区溶液的浓度不变,但阳极区及阴极区的浓度都会有变化,它们之间的浓度变化关系可以用公式表示出来。

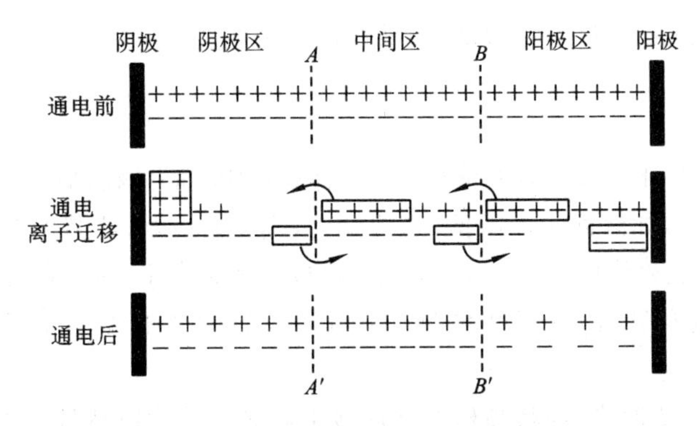

图 2.14.1　离子的电迁移情况

如分析阴极区,有

$$n_{后}^{-} = n_{始}^{-} - n_{迁}^{-} \tag{2-14-1}$$

$$n_{后}^{+} = n_{始}^{+} + n_{迁}^{+} - n_{电}^{+} \tag{2-14-2}$$

同理分析阳极区,有

$$n_{后}^{-} = n_{始}^{-} + n_{迁}^{-} - n_{电}^{-} \tag{2-14-3}$$

$$n_{后}^{+} = n_{始}^{+} - n_{迁}^{+} \tag{2-14-4}$$

对于 H_2SO_4溶液,因为 SO_4^{2-} 不参加电极反应,所以此时上述公式应为

$$n_{后}^{-} = n_{始}^{-} + n_{迁}^{-} \tag{2-14-5}$$

$$n_{后}^{+} = n_{始}^{+} - n_{迁}^{+} + n_{电}^{+} \tag{2-14-6}$$

在上述各公式中:$n_{后}^{-}$、$n_{后}^{+}$分别表示通电后各区所含负离子及正离子的物质的量;$n_{始}^{-}$、$n_{始}^{+}$分别表示通电前各区所含负离子及正离子的物质的量;$n_{电}^{-}$、$n_{电}^{+}$分别表示通电时在电极上参加反应的负离子和正离子的物质的量;$n_{迁}^{-}$、$n_{迁}^{+}$分别表示负离子和正离子迁移的物质的量。

通过实验可测出 $n_{后}^{-}$、$n_{后}^{+}$、$n_{始}^{-}$、$n_{始}^{+}$、$n_{电}^{-}$、$n_{电}^{+}$。由上述公式可计算出 $n_{迁}^{-}$及 $n_{迁}^{+}$。

因此迁移数

$$t_{+} = \frac{n_{迁}^{+} F}{n_{电}^{+} F} = \frac{n_{迁}^{+}}{n_{电}^{+}}, \quad t_{-} = \frac{n_{迁}^{-} F}{n_{电}^{-} F} = \frac{n_{迁}^{-}}{n_{电}^{-}}$$

$n_{电}^{-}$及 $n_{电}^{+}$可由气体库仑计中气体体积的变化计算得到。气体库仑计中注入的 H_2SO_4溶液起导电作用,通电时实际是电解水。

阳极上发生氧化反应:　　$2OH^{-} \longrightarrow H_2O + \frac{1}{2}O_2 \uparrow + 2e^{-}$

阴极上发生还原反应:　　$2H^{+} \longrightarrow H_2 \uparrow - 2e^{-}$

从得到的 H_2和 O_2的混合体积 V,利用法拉第定律和理想气体状态方程可计算其总电量。

总电量

$$n_{电}F = \frac{4}{3}\frac{(p-p')V}{RT}F$$

式中:p 为实验时的大气压,Pa;p'为室温时水的饱和蒸气压,Pa;V 为 H_2和 O_2的混合体积,m^3;R 为摩尔气体常数,$J \cdot mol^{-1} \cdot K^{-1}$;$T$ 为室温(以绝对温度表示)。

三、仪器与试剂

希托夫迁移管 1 套;气体库仑计 1 支;直流稳压电源(可用电泳仪代替)1 台;碱式滴定管 1 支;锥形瓶 4 个;100 mL 烧杯 1 个;10 mL 移液管 2 支;台秤(准确到 0.02 g)1 台。

NaOH 标准溶液;被测 H_2SO_4溶液(溶液浓度约为 $0.02\ mol \cdot L^{-1}$)。

四、实验步骤

(1) 调整气体库仑计中量气管的液面,打开活塞使其液面处在刻度 0~2 mL 之间,立即关闭活塞,检查是否漏气,如液面不断降低,说明漏气,应关紧活塞,使其不漏气。

(2) 为了使装入迁移管内 H_2SO_4溶液的浓度与试剂瓶中 H_2SO_4溶液的浓度一致,可将被测 H_2SO_4溶液装满迁移管,再将管内 H_2SO_4溶液回收到试剂瓶内,这样重复装 2 次就可达到要求。

(3) 根据图 2.14.2 接线,经教师检查之后接上电源。使用电泳仪的电源设备时要注意安全,在接通电源之前,应将仪器面板上的输出调节旋至最小,红色输出旋钮为正,黑色输出旋钮为负。接通电源之后,调节输出旋钮使电流达到 20 mA,使其通电。当气体库仑计(见图 2.14.3)中产生气体的体积达到 15~20 mL 时,停止通电,并记下气体库仑计中产生气体的准确体积。

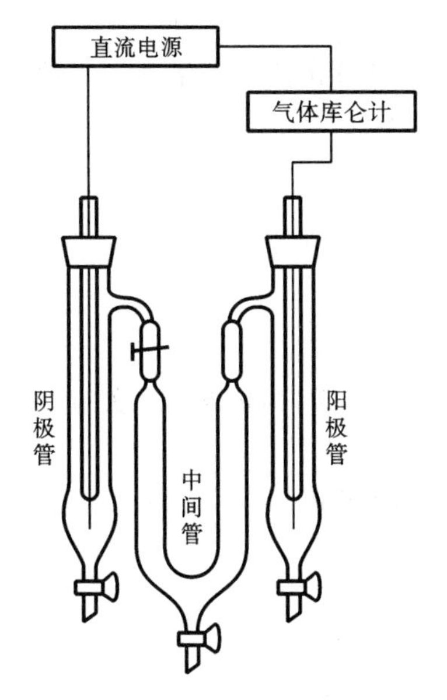

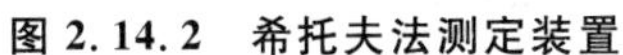

图 2.14.2　希托夫法测定装置

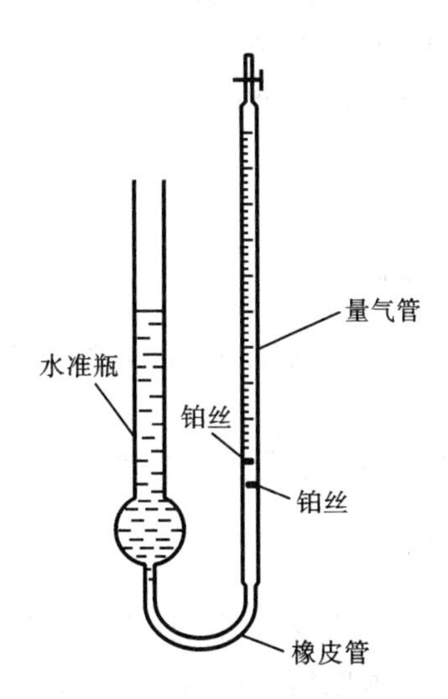

图 2.14.3　气体库仑计

(4) 将预备好的干净烧杯称重，停止通电后，取出阴极管的溶液称重，从称重好的阴极区溶液中吸取两份 10 mL 溶液分别称重，并滴定。

(5) 在通电期间，可对通电前的 H_2SO_4 溶液进行分析，分别吸取两份 10 mL 被测 H_2SO_4 溶液，分别称重，并用 NaOH 标准溶液滴定。

(6) 实验结束后，可将希托夫管中的 H_2SO_4 溶液及烧杯中的 H_2SO_4 溶液注入装 H_2SO_4 溶液的试剂瓶中。

五、数据处理

(1) 记录表格。

室温________℃，大气压________，水的饱和蒸气压________。

气体库仑计读数：终________，始________，气体体积________。

阴极区溶液质量：烧杯加溶液质量________，空烧杯质量________。

请将相关实验数据记入表 2.14.1 中。

表 2.14.1　实验数据记录表

项目	10 mL 溶液质量/g	NaOH 溶液消耗量/mL	H_2SO_4 溶液的物质的量浓度/($mol \cdot L^{-1}$) (基本单元是 $\frac{1}{2}H_2SO_4$)
通电前	① ②		
通电后	① ②		

(2) 计算 $t_{\frac{1}{2}SO_4^{2-}}$。

① 根据滴定溶液浓度，分别计算出通电前、后阴极区溶液中每克水中所含 $\frac{1}{2}H_2SO_4$ 的物

质的量,用符号“$n_{\frac{1}{2}H_2SO_4}$”表示。

② 根据 10 mL 阴极区溶液中所含水量,利用比例关系计算出阴极区溶液中水的总质量($m_{水}$),可将阴极管中 H_2SO_4 溶液中水的量在通电前后视为不变。

(3) 根据以下公式计算 $t_{\frac{1}{2}SO_4^{2-}}$:

$$t_{\frac{1}{2}SO_4^{2-}} = \frac{(n_{\frac{1}{2}H_2SO_4})_{通电前} - (n_{\frac{1}{2}H_2SO_4})_{通电后}}{\overline{n_{电}}} m_{水}$$

六、注意事项

(1) 使用电泳仪的直流电源设备时要注意:接上或断开外电源时,仪器的开关应处在关的位置。

(2) 在通电过程中不要用手接触希托夫管上的电极,以防触电。

七、思考题

(1) 为什么要将阴极区的溶液称重?

(2) 在通电情况相同时,希托夫管的容积是大点好还是小点好?

实验 15　氟离子选择性电极测氢氟酸解离常数

一、实验目的

(1) 熟悉用氟离子选择性电极及玻璃电极测定氢氟酸解离常数的基本原理。

(2) 熟练掌握酸度计的使用,熟悉用酸度计测溶液的 pH 值及电动势的原理及方法。

二、实验原理

氟离子选择性电极(简称氟电极)是目前最成熟的一种离子选择性电极。将氟化镧单晶封在塑料管的一端,管内装 0.1 mol/L NaF 和 0.1 mol/L NaCl 溶液,以饱和甘汞电极为参比电极,构成氟离子选择性电极。由氟化镧晶体做成的离子交换膜,对氟离子具有特别高的选择性。但当溶液 pH 值过高时,OH^- 会产生干扰;pH 值过低时又会形成 HF 和 HF_2^- 而降低氟离子活度,因此在作氟含量分析时都保持 pH=5~6,以保证氟实际上均呈离子状态存在。

由于氟电极不受氢离子干扰,对 HF 和 HF_2^- 不产生应答,因而有可能在酸性溶液中测定游离的氟离子浓度,这就为电化学法测定氢氟酸解离常数创造了条件。

现用氟电极及饱和甘汞电极组成下列两电池:

(1) 氟电极|F^-|饱和甘汞电极;

(2) 氟电极|F^-,H^+|饱和甘汞电极。

在电池(1)的溶液中,氟化钠的浓度约为 2×10^{-3} mol·L^{-1},可认为在这样稀的中性溶液里解离完全,体系总氟浓度$[F_T]$等于氟离子浓度$[F^-]$,这时测得的电池电动势记为 E_1。如在相同总氟浓度的溶液中加酸,则由于 HF 和 HF_2^- 的生成而降低游离氟离子浓度,这时测得对应于降低了游离氟浓度$[F^-]$的电池电动势 E_2。

当温度一定时,两电池电动势的计算式如下:

$$E_1 = E_{甘汞} - \left(E^{\ominus} - \frac{RT}{F}\ln[F^-]\right) = 常数 + S\lg[F_T] \tag{2-14-1}$$

$$E_2 = E_{甘汞} - \left(E^{\ominus} - \frac{RT}{F}\ln[F^-]\right) = 常数 + S\lg[F^-] \tag{2-14-2}$$

式中：$S = \frac{2.303RT}{F}$，称为氟电极的应答系数，通常实测值与理论值符合。

式(2-14-1)减式(2-14-2)得

$$\frac{E_1 - E_2}{S} = \lg\frac{[F_T]}{[F^-]} \tag{2-14-3}$$

在加酸后的含氟溶液中存在下列平衡：

$$HF \rightleftharpoons H^+ + F^- \quad K_c = \frac{[H^+][F^-]}{[HF]} \tag{2-14-4}$$

$$HF + F^- = HF_2^- \quad K_f = \frac{[HF_2^-]}{[HF][F^-]} \tag{2-14-5}$$

溶液中的总氟浓度为

$$[F_T] = [F^-] + [HF] + 2[HF_2^-] \tag{2-14-6}$$

略去$[HF_2^-]$项，式(2-14-6)可写成

$$[F_T] - [F^-] = \frac{[H^+][F^-]}{K_c} \tag{2-14-7}$$

式(2-14-7)取对数得

$$\lg([F_T] - [F^-]) - \lg[F^-] = \lg[H^+] - \lg K_c \tag{2-14-8}$$

在酸性溶液中，$[F^-]$很小，与$[F_T]$相比可被忽略，这时式(2-14-8)可写成

$$\lg\frac{[F_T]}{[F^-]} = -pH - \lg K_c \tag{2-14-9}$$

将式(2-14-9)代入式(2-14-3)，得

$$-\frac{E_1 - E_2}{S} = pH + \lg K_c \tag{2-14-10}$$

式中：E_1为溶液未加酸时电池(1)的电动势；E_2为加酸后电池(2)的电动势。因此在不加酸时测得E_1，然后测得加酸后不同酸度下的E_2及pH，以$-\frac{E_1 - E_2}{S}$为纵坐标，pH为横坐标作图，所得直线在纵轴上的截距即为$\lg K_c$。

三、仪器与试剂

pHS-3C型酸度计(或数字酸度计)1台；氟离子选择性电极1支；pH复合电极1支；217型饱和甘汞电极1支；电磁搅拌器1台；100 mL硬质玻璃烧杯或塑料杯8个；10 mL、50 mL量筒各1个；10 mL吸量管2支。

0.01 mol·L^{-1} NaF溶液；0.50 mol·L^{-1} KCl溶液；2 mol·L^{-1} HCl溶液；pH=4.0的标准缓冲溶液；去离子水；滤纸。

四、实验步骤

(1) 酸度计的校正。

打开酸度计，预热5～10 min。观察窗口显示，应为“pH”挡(若不在“pH”挡，则按下“pH/mV”按键调节至“pH”挡)，通过“∧”或“∨”按键将窗口温度调至溶液实际温度。用准备好的小烧杯装适量pH=4.0的标准缓冲溶液作为定位液，将pH复合电极用蒸馏水冲洗干净，用

滤纸吸干,放入定位液中,轻轻晃动,待酸度计显示的数值稳定不变后,按下“校正”键,此时,显示屏上 pH 值应显示为 4.0 或 4.0 左右的某个数值。此时校准完毕。将 pH 复合电极洗干净,吸干待用。

(2) pH 值的测定。

洗净 100 mL 硬质玻璃烧杯或塑料杯 7 个,按表 2-14-1 配制 1～7 号溶液。用 10 mL 量筒装好所需 HCl 溶液,从 6 号溶液开始,按编号由大到小的顺序逐个在电磁搅拌下用小滴管逐滴向烧杯中滴加 HCl 溶液,同时观察其 pH 值,直到接近设定 pH 值为止。核算各溶液总体积,不足 50 mL 的要加水补充,调整后重测一次 pH 值,记下实测 pH 值(7 号溶液的 pH 值也可测定作参考)。

(3) 电动势的测定。

以氟电极为指示电极,饱和甘汞电极作为对电极组成电池,按下“pH/mV”按键,将酸度计调至电动势测定挡位,将饱和甘汞电极和氟电极同时放入调整好 pH 值的待测液中,测定其电动势。注意按编号从大到小的顺序逐个测定。每测完一次,均要把两支电极用蒸馏水冲洗干净并吸干水分。

氟离子选择性电极的应答系数 S 值取理论值,利用公式 $S=\dfrac{2.303RT}{F}$ 计算得到。

五、数据处理

(1) 列出记录表格(参见表 2-14-1)。

(2) 以 $-\dfrac{E_1-E_2}{S}$ 对实测 pH 值作图,从所得直线的截距求 $\lg K_c$。

表 2-14-1　氢氟酸解离常数测定实验记录

溶液编号	1	2	3	4	5	6	7
设定 pH 值	1.0	1.3	1.6	1.9	2.2	2.5	
0.01 $mol\cdot L^{-1}$ NaF 溶液体积/mL	10	10	10	10	10	10	10
0.50 $mol\cdot L^{-1}$ KCl 溶液体积/mL	10	10	10	10	10	10	10
预加水的体积/mL	25	28	29	29	29	29	30
调 pH 值用 2 $mol\cdot L^{-1}$ HCl 溶液体积/mL	约 4	约 1.5	约 0.5	约 0.3	约 0.2	约 0.1	
调整后实测的 pH 值							
调整后实测的电动势/mV							
$-\dfrac{E_1-E_2}{S}$							

六、思考题

(1) 本实验中所配制的 7 组溶液,为什么总体积都要为相同的 50 mL?

(2) 为什么测量电动势和 pH 值时应按照从酸性弱的样品到酸性强的样品的顺序逐个测量?

(3) 用玻璃电极是测电动势还是 pH 值? 用饱和甘汞电极-氟离子选择性电极是测电动势还是 pH 值?

实验 16　电导滴定法测定溶液的浓度

一、实验目的

（1）掌握电导滴定法测定溶液浓度的原理和方法。

（2）测定 NaOH 溶液、Na_2SO_4溶液的浓度。

二、实验原理

利用测量待测溶液在滴定过程中电导的变化转折来指示滴定终点的方法称为电导滴定法。电导滴定可用于酸碱中和反应、沉淀反应、配位反应及氧化还原反应。当溶液很稀、溶液混浊及溶液有颜色干扰而不宜使用指示剂判定滴定终点时，此法更为有效。

被滴定溶液中的一种离子与滴入试剂中的另一种离子结合，使得溶液中离子浓度发生变化，或者被滴定溶液中原有的离子被另一种迁移速率不同的离子所替代，从而导致溶液的电导率发生变化。滴定过程中测量电导或电导率随滴入溶液体积的变化值，以电导或电导率对滴入溶液的体积作图，再将两条直线部分外推，所得交点即为滴定终点。图 2.16.1 是常见的两种电导滴定的 κ-V 曲线。

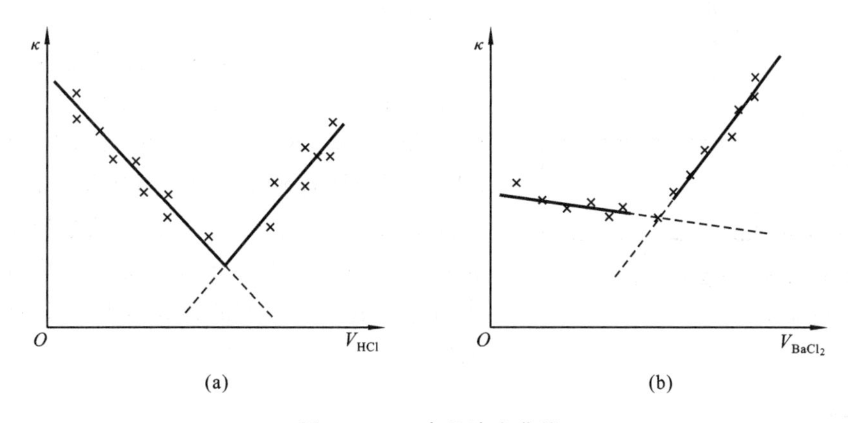

图 2.16.1　电导滴定曲线

图 2.16.1(a)为强电解质 HCl 滴定 NaOH 的 κ-V 曲线，其化学反应式为

$$H^+ + Cl^- + Na^+ + OH^- \longrightarrow Na^+ + Cl^- + H_2O \tag{2-16-1}$$

滴定过程中，溶液中的 OH^- 被 Cl^- 替代。由于 OH^- 的电导率远大于 Cl^- 的电导率，因此随着滴定的进行，在终点前，溶液的电导率越来越小；终点后，溶液的电导率由于过量 H^+ 和 Cl^- 的浓度逐渐增加而越来越大。在滴定终点前后，溶液电导的改变有一个突出的转折点，对应于这个转折点的 HCl 的体积 V_{HCl}，就是完全中和 NaOH 溶液时所需 HCl 的量。通过相应的计算，可以确定被滴定 NaOH 溶液的浓度。

用 $BaCl_2$标准溶液滴定 Na_2SO_4时，溶液的电导率和加入 $BaCl_2$标准溶液体积的关系如图 2.16.1(b)所示。

温度一定时，在稀溶液中，离子的电导率与其浓度成正比。如果滴定剂加入后，使原溶液体积改变较大，那么所加入溶液的体积与溶液的电导率就不呈线性关系，这是由于存在稀释效应。若使滴定剂的浓度比被测样品的浓度大 10～20 倍，则可基本消除稀释效应的影响。如果

稀释效应显著,溶液的电导率应按稀释程度加以校正,校正后再作 κ-V 曲线。校正公式如下:

$$\kappa = \frac{\kappa_{测}(V+V_1)}{V} \tag{2-16-2}$$

式中:κ 为校正后溶液的电导率,$S \cdot m^{-1}$;$\kappa_{测}$ 为实测溶液的电导率,$S \cdot m^{-1}$;V 为被滴定溶液的体积,mL;V_1 为加入滴定溶液的体积,mL。

三、仪器与试剂

DDS-11A 型电导率仪 1 台;恒温磁力搅拌器 1 台;25 mL 酸式滴定管 2 支;500 mL 烧杯 2 个;25 mL 移液管 2 支。

0.1000 mol · L^{-1} HCl 标准溶液;0.0500 mol · L^{-1} $BaCl_2$ 标准溶液;0.1 mol · L^{-1} NaOH 溶液;0.05 mol · L^{-1} Na_2SO_4 溶液。

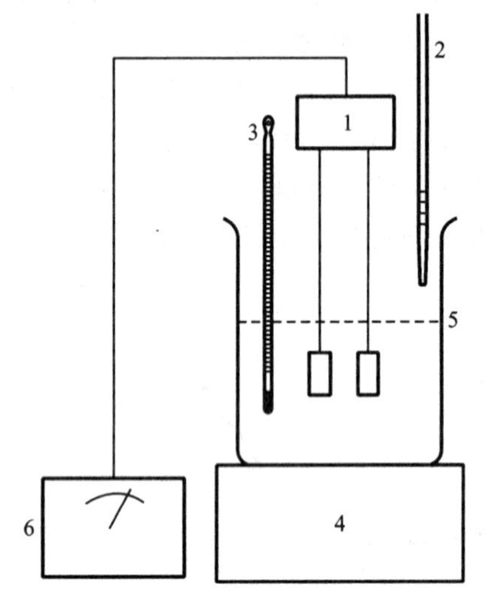

图 2.16.2　电导滴定装置

1—电导电极;2—滴定管;3—温度计;4—恒温磁力搅拌器;5—烧杯;6—电导率仪

四、实验步骤

(1) 用移液管准确吸取 25.00 mL 待测溶液($NaOH$ 或 Na_2SO_4)置于 500 mL 烧杯中,加蒸馏水稀释至 250 mL,烧杯中放入搅拌器转子后置于磁力搅拌器上,插入洗净的电导电极并按照图 2.16.2 安装仪器。

(2) 在恒温搅拌状态下,用滴定管将配制好的标准溶液滴入待测溶液中(用 HCl 滴定 NaOH,用 $BaCl_2$ 滴定 Na_2SO_4)。开始每次滴加标准溶液 2 mL,每次滴加后搅拌均匀再测其电导率。终点前后每次滴加 0.5～1.0 mL,直到溶液电导率有显著改变后,再按原量每次 2 mL 滴加几次即可。记录每次滴定所用标准溶液的体积及与之对应的溶液的电导率 κ。

五、数据处理

将实验中测得的 $V_{标准}$-κ 数据记录于表 2.16.1 中。

表 2.16.1　电导滴定中的 κ-$V_{标准}$ 数据

恒温温度________℃　大气压________ kPa　室温________℃

用 0.1000 mol · L^{-1} HCl 溶液滴定 25.00 mL 0.1 mol · L^{-1} NaOH 溶液

V_{HCl}/mL	0	2	4	6	8	10	12	…
κ/($\mu S \cdot cm^{-1}$)								

用 0.0500 mol · L^{-1} $BaCl_2$ 溶液滴定 25.00 mL 0.05 mol · L^{-1} Na_2SO_4 溶液

V_{BaCl_2}/mL	0	2	4	6	8	10	12	…
κ/($\mu S \cdot cm^{-1}$)								

由表 2.16.1 记录的原始数据作 κ-V 标准曲线,从曲线中找出滴定终点时标准溶液的用

量，由其计算出待测溶液 NaOH 及 Na_2SO_4 的物质的量浓度。

六、注意事项

(1) 为防止电导池内溶液浓度不均匀，每次滴加标准溶液后，都要充分搅拌后再测量溶液的电导率。

(2) 电导电极使用前后应浸泡在蒸馏水内以防止铂黑钝化。

(3) 为提高测量精密度，在使用"$\times 10^3\ \mu S \cdot cm^{-1}$"及"$\times 10^4\ \mu S \cdot cm^{-1}$"两挡时，校正应在电导电极插头插入插孔，电极浸入待测溶液的状态下进行。

七、思考题

(1) 为什么标准溶液的浓度要比待测溶液浓度大 10～20 倍？

(2) 电导滴定为何要在恒温下进行？

(3) 溶液的浓度对电导率有什么影响？

Ⅲ　化学反应动力学实验

实验 17　蔗糖水解反应速率常数的测定

一、实验目的

(1) 了解旋光仪的工作原理，并掌握其使用方法。

(2) 了解蔗糖水解反应中反应物浓度与旋光度之间的关系。

(3) 利用旋光仪测定蔗糖水解反应的速率常数。

二、实验原理

(1) 蔗糖水解的速率方程。

蔗糖在水中可发生水解，转化成葡萄糖和果糖，反应如下：

$$\underset{(蔗糖)}{C_{12}H_{22}O_{11}} + H_2O \xrightarrow{H^+} \underset{(葡萄糖)}{C_6H_{12}O_6} + \underset{(果糖)}{C_6H_{12}O_6}$$

反应速率与蔗糖、水及催化剂的浓度有关，其速率方程为

$$r = kc_{C_{12}H_{22}O_{11}} c_{H^+} c_{H_2O} \tag{2-17-1}$$

由于反应时水是大量的，可近似认为整个反应过程中水的浓度恒定不变，而 H^+ 是催化剂，其浓度也可视为保持不变。因此蔗糖水解反应可视为准一级反应，式(2-17-1)变为

$$-\frac{dc_A}{dt} = kc_A \tag{2-17-2}$$

将式(2-17-2)积分可得

$$\ln c_A = \ln c_{A,0} - kt \tag{2-17-3}$$

式中：$c_{A,0}$ 为蔗糖的初始浓度；c_A 为时间 t 时蔗糖的瞬时浓度。

(2) 速率常数的测定。

由式(2-17-3)可知,以 $\ln c_A$对 t 作图应得一直线,斜率的负值即为 k。测定蔗糖在不同时刻的浓度 c_A可用化学法和物理法。本实验采用物理法,即利用反应物浓度 c_A与系统旋光度之间的线性关系,通过测定系统旋光度随时间的变化来衡量反应的进程。

所谓旋光度,是指一束偏振光通过有旋光性物质的溶液时,使偏振光振动面旋转某一角度的性质。其旋转角度称为旋光度(α)。使偏振光顺时针旋转的物质称为右旋物质,α 为正值;反之,则为左旋物质,α 为负值。通常用比旋光度 $[\alpha]_D^{20}$ 来比较各种物质的旋光能力:

$$[\alpha]_D^{20} = \frac{\alpha}{lc} \tag{2-17-4}$$

式中:20 表示实验温度为 20 ℃;D 为钠灯光源 D 线的波长;α 为实测旋光度;l 为液层厚度(样品管长度);c 为浓度。

在蔗糖水解实验中,蔗糖、葡萄糖和果糖的比旋光度分别为

$$[\alpha_{蔗}]_D^{20}=66.6° \quad [\alpha_{葡}]_D^{20}=52.5° \quad [\alpha_{果}]_D^{20}=-91.9°$$

随着蔗糖水解反应的进行,系统旋光度将由右旋逐渐变为左旋。在本实验中,可以直接用旋光度来表示水解反应的速率方程,推导过程如下。

由式(2-17-4)可知,当其他条件不变时,旋光度 α 与浓度 c 成正比,即

$$\alpha=Kc \tag{2-17-5}$$

式中:K 为一个与物质旋光能力、样品管长度、溶剂性质、光源波长、温度等因素有关的常数。

将反应开始、反应 t 时间、反应结束时的旋光度分别标记为 α_0、α_t和 α_∞,则

$$\alpha_0 = K_{蔗} c_{A,0} \tag{2-17-6}$$

$$\alpha_t = K_{蔗} c_A + K_{葡}(c_{A,0}-c_A) + K_{果}(c_{A,0}-c_A) \tag{2-17-7}$$

$$\alpha_\infty = K_{葡} c_{A,0} + K_{果} c_{A,0} \tag{2-17-8}$$

式(2-17-6)减去式(2-17-8),得

$$c_{A,0} = \frac{\alpha_0 - \alpha_\infty}{K_{蔗} - K_{葡} - K_{果}} \tag{2-17-9}$$

式(2-17-7)减去式(2-17-8),得

$$c_A = \frac{\alpha_t - \alpha_\infty}{K_{蔗} - K_{葡} - K_{果}} \tag{2-17-10}$$

将式(2-17-9)和式(2-17-10)代入式(2-17-3)中,可得

$$\ln(\alpha_t - \alpha_\infty) = \ln(\alpha_0 - \alpha_\infty) - kt \tag{2-17-11}$$

以 $\ln(\alpha_t - \alpha_\infty)$对 t 作图,直线斜率的负值即为 k。

利用旋光度测定蔗糖水解速率常数的方法一般有两种。

① 直接测得一系列 t 时间的旋光度 α_t和反应结束时的旋光度 α_∞,代入式(2-17-11)作图,根据斜率求 k。通常用两种方法测定 α_∞:一是将反应液放置 48 h 以上,待反应完全后测 α_∞;二是将反应液置于 60 ℃的水浴中加热 30 min,通过升温加速水解反应的进行,待反应充分后,将样品冷却至室温,测定其旋光度,即为 α_∞。

② 也可以用古根亥姆(Guggenheim)法计算 k 值。

利用 Guggenheim 法可不必测定 α_∞,这就大大地节约了时间且避免了副反应的干扰。本实验采用 Guggenheim 法处理数据。

根据式(2-17-11)可知:反应 t 时,有

$$\alpha_t - \alpha_\infty = (\alpha_0 - \alpha_\infty)e^{-kt} \tag{2-17-12}$$

反应 $t+\Delta t$ 时,有

$$\alpha_{t+\Delta t}-\alpha_{\infty}=(\alpha_0-\alpha_{\infty})\mathrm{e}^{-k(t+\Delta t)} \tag{2-17-13}$$

式(2-17-12)减去式(2-17-13)，得

$$\alpha_t-\alpha_{t+\Delta t}=(\alpha_0-\alpha_{\infty})(1-\mathrm{e}^{-k\Delta t})\mathrm{e}^{-kt}$$

将上式取对数，得

$$\ln(\alpha_t-\alpha_{t+\Delta t})=\ln[(\alpha_0-\alpha_{\infty})(1-\mathrm{e}^{-k\Delta t})]-kt \tag{2-17-14}$$

其中，Δt 为测量的时间间隔。若Δt 取固定值，则式(2-17-14)中，右端第一项 $\ln[(\alpha_0-\alpha_{\infty})(1-\mathrm{e}^{-k\Delta t})]$ 为常数，以 $\ln(\alpha_t-\alpha_{t+\Delta t})$ 对 t 作图，可得一直线，斜率的负值即为速率常数 k。Δt不能太小，一般取半衰期的 2～3 倍，或反应接近完成时间的一半，否则此法求得的 k 值会有较大的误差。本实验取Δt＝30 min，每隔 5 min 取一次读数。

三、仪器与试剂

旋光仪 1 套；秒表 1 块；台秤 1 台；25 mL 容量瓶 1 个；25 mL 移液管 1 支；100 mL 锥形瓶 1 个；50 mL 烧杯 1 个。

蔗糖(A. R.)；4 mol · L^{-1} HCl 溶液或 2 mol · L^{-1} HCl 溶液。

四、实验步骤

(1) 旋光仪零点的校正。

接通电源，打开旋光仪电源开关及直流开关，点亮钠光灯，预热 5～10 min 至钠光灯发光正常。在洗净的旋光管内注满蒸馏水至液面凸起，取玻璃片沿管口水平推入盖好，旋好螺帽，勿使其漏水或有气泡。用滤纸或干布将旋光管擦净，放入旋光仪内，注意标记旋光管的放置方向，管内如有小气泡，应将气泡赶到凸颈处。打开示数开关，调节零位手轮，使整数及小数表盘中的刻度均指向零。

(2) 蔗糖水解过程中 α_t的测定。

称取 5 g 蔗糖，用少量蒸馏水溶解，倾入 25 mL 容量瓶中，定容。将配好的蔗糖溶液倒入 100 mL 锥形瓶中，用移液管吸取 25 mL 4 mol · L^{-1} HCl 溶液(冬季)或 2 mol · L^{-1} HCl 溶液(夏季)，加入锥形瓶中，加入一半时开始计时，作为反应的起始时间。将溶液混合均匀后，用此混合溶液快速荡洗旋光管 2～3 次，然后将混合溶液装满旋光管，注意检查是否漏液及有气泡。将旋光管擦净后，按标记方向放入旋光仪内，盖好槽盖。反应 5 min 后读取第一个数值，此后每隔 5 min 记录一次旋光度，1 h 后停止实验。

(3) 如不用 Guggenheim 法处理数据，则要测定 α_{∞}的值，将剩下的溶液及测定的溶液放在 60 ℃的水浴内恒温约 40 min，然后冷却至室温，并取少量溶液荡洗旋光管，装满溶液，测其旋光度 α_{∞}。

五、数据处理

(1) 将实验数据记录于表 2.17.1 中。

表 2.17.1　利用旋光度测定蔗糖水解速率常数

实验温度________℃　HCl 浓度________ mol · L^{-1}

时间 t/min	旋光度 α_t	时间$(t+\Delta t)$/min	$\alpha_{t+\Delta t}$	$\alpha_t-\alpha_{t+\Delta t}$	$\ln(\alpha_t-\alpha_{t+\Delta t})$
5		35			

续表

时间 t/min	旋光度 α_t	时间$(t+\Delta t)$/min	$\alpha_{t+\Delta t}$	$\alpha_t-\alpha_{t+\Delta t}$	$\ln(\alpha_t-\alpha_{t+\Delta t})$
10		40			
15		45			
20		50			
25		55			
30		60			

(2) 数据处理。

根据表 2.17.1,以时间 t 为横坐标,$\ln(\alpha_t-\alpha_{t+\Delta t})$为纵坐标作图,根据斜率求出室温时的速率常数 k。

六、注意事项

(1) 装样品时,旋光管螺帽不宜旋得过紧,以免产生应力,影响读数。

(2) 酸对仪器有腐蚀,操作时应避免旋光管漏液滴到仪器上,旋光管装满试液后,应用滤纸或干布擦干净后再放入旋光仪内。实验结束后必须将旋光管洗净。

(3) 旋光仪中的钠光灯不宜长时间开启,实验结束后应及时关闭电源。

(4) 作图时应注意,横坐标为时间 t 而非时间$(t+\Delta t)$。

(5) HCl 溶液的浓度应根据实验环境温度调整,建议夏季用 2 $mol\cdot L^{-1}$ HCl 溶液,冬季一般用 4 $mol\cdot L^{-1}$ HCl 溶液,气温较高地区用 2 $mol\cdot L^{-1}$ HCl 溶液。

七、思考题

(1) 装试液时旋光管内有小气泡没有排净怎么办?

(2) 测量 α_t时,5 min 时的旋光度未来得及测出怎么办?

(3) 反应温度、HCl 溶液浓度及用量对蔗糖水解反应的速率有没有影响?

实验 18　丙酮碘化反应速率常数的测定

一、实验目的

(1) 熟悉复合反应速率常数的计算方法。

(2) 了解复合反应的反应机理和特征。

(3) 掌握分光光度计的正确使用方法。

二、实验原理

在酸性溶液中,丙酮碘化反应是一个复合反应,其反应式为

$$\underset{(A)}{CH_3COCH_3}+I_2\xrightarrow[k]{H^+}\underset{(E)}{CH_3COCH_2I}+I^-+H^+ \tag{2-18-1}$$

式中:H^+是催化剂,由于反应本身能生成,因此这是一个自催化反应。

一般认为该反应的反应机理包括下列两个基元反应：

$$CH_3COCH_3 \xrightarrow{H^+} CH_3(OH)C{=}CH_2 \tag{2-18-2}$$

$$CH_3(OH)C{=}CH_2 + I_2 \xrightarrow{H^+} CH_3COCH_2I + H^+ + I^- \tag{2-18-3}$$

这是一个连续反应。反应(2-18-2)是丙酮的烯醇化反应，是一个进行得很慢的反应。反应(2-18-3)是烯醇的碘化反应，是一个快速且趋于进行到底的反应。由于反应(2-18-2)进行得很慢，而反应(2-18-3)进行得很快，因此中间产物烯醇一旦生成就马上消耗掉了，根据连续反应的特点，该反应的总反应速率由丙酮的烯醇化反应速率决定，在基元反应(2-18-2)中，丙酮烯醇化反应的速率 $-\frac{dc_A}{dt}$ 分别与丙酮及 H^+ 的浓度的一次方有关。另外，实验测定表明，在高酸度条件下，反应速率与碘的浓度无关，即碘的反应级数为零，实验还表明 H^+ 与丙酮的反应级数分别为 1。故此反应的速率方程可表示为

$$r = -\frac{dc_A}{dt} = kc_A c_{H^+} \tag{2-18-4}$$

由式(2-18-1)可知 $-\frac{dc_A}{dt} = -\frac{dc_{I_2}}{dt}$，所以式(2-18-4)可写成

$$-\frac{dc_{I_2}}{dt} = kc_A c_{H^+} \tag{2-18-5}$$

本实验选定反应物的范围是丙酮的浓度为 0.1～0.6 $mol \cdot L^{-1}$，H^+ 的浓度为 0.05～0.5 $mol \cdot L^{-1}$，碘的浓度为 0.001～0.005 $mol \cdot L^{-1}$。由此可知，丙酮的浓度远远大于碘的浓度，且 H^+ 作为催化剂的浓度也足够大，故在反应过程中，可视丙酮与 H^+ 的浓度不随时间而改变。因此将式(2-18-5)移项进行不定积分，即

$$\int dc_{I_2} = \int (-kc_A c_{H^+})dt$$

可得

$$c_{I_2} = -k't + I \tag{2-18-6}$$

其中，$k' = kc_A c_{H^+}$，I 为积分常数。

由式(2-18-6)可知，如果测得反应过程中不同时刻 t 碘的瞬时浓度，然后用 c_{I_2} 对 t 作图得一直线，则通过直线斜率就可求出 k'。由于碘在可见光区有一个比较宽的吸收带，本实验可采用分光光度法进行。

根据朗伯-比尔定律

$$A = -\lg T = -\lg\frac{I}{I_0} = \varepsilon bc_{I_2}$$

有

$$c_{I_2} = \frac{A}{\varepsilon b} \tag{2-18-7}$$

式中：A 为吸光度；T 为透光率；I、I_0 分别为某一波长光线通过待测溶液和空白溶液后的光强度；ε 为摩尔吸光系数；b 为样品池光径长度。

将式(2-18-7)代入式(2-18-6)可得

$$A = -k''t + m \tag{2-18-8}$$

$$k'' = \varepsilon bk' = \varepsilon bkc_A c_{H^+} \tag{2-18-9}$$

式(2-18-8)中，m 为常数。只要测出不同时刻 t 反应体系的吸光度，根据式(2-18-8)用 A 对 t 作图得一直线，则求出直线斜率($-k''$)。另外，根据式(2-18-7)求得 εb，并利用式(2-18-9)可进一步求出丙酮碘化反应的速率常数 k。

三、仪器与试剂

分光光度计 1 套；秒表 1 块；25 mL 容量瓶 5 个；5 mL 吸量管 3 支；100 mL 磨口锥形瓶 1 个。

0.0136 mol · mL^{-1} 纯丙酮溶液；1.0000 mol · L^{-1} HCl 溶液；0.0100 mol · L^{-1} I_2 溶液均须准确标定。

四、实验步骤

(1) 测定 εb 值。

用吸量管量取已知浓度的 I_2 溶液 3 mL，注入 25 mL 容量瓶中，稀释至刻度，用分光光度计测定溶液的透光率。

(2) 配制反应体系，测定不同时刻 t 的透光率。

在 25 mL 容量瓶中加入 2 mL 纯丙酮溶液、5 mL I_2 溶液，加入约 10 mL 蒸馏水后，再加入 HCl 溶液 1 mL，加蒸馏水稀释至刻度，混合均匀后注入比色皿中，放入分光光度计的暗箱内，然后打开秒表计时，每隔 2 min 测定一次透光率，连续记录 30 个点，方可停止记录。保持丙酮及碘溶液浓度不变，改变酸的浓度，同上述测定方法进行测定。

五、数据处理

(1) 根据丙酮密度，计算反应体系的丙酮浓度。

(2) 根据式(2-18-7)求 εb 值。

(3) 用 A 对时间 t 作图，求此直线的斜率。

(4) 将 k'' 代入式(2-18-9)中求出反应速率常数 k。

六、注意事项

配制反应体系，不能同时将纯丙酮溶液、I_2 溶液、HCl 溶液加在一起再加水稀释至刻度。

七、思考题

(1) 本实验中将反应物混合、摇匀、倒入比色皿测透光率时再开始计时，这对实验结果有无影响？为什么？

(2) 能否将 5 mL I_2 溶液、2 mL 纯丙酮溶液、1 mL HCl 溶液一起加入 25 mL 容量瓶中，再用蒸馏水稀释至刻度？为什么？

实验 19　乙酸乙酯皂化反应速率常数及活化能的测定

一、实验目的

(1) 学会用电导法测定乙酸乙酯皂化反应速率常数，了解反应活化能的测定方法。

(2) 了解二级反应的特点，学会用图解计算法求二级反应的速率常数 k。

(3) 掌握电导率仪的使用方法，并了解其测量原理。

二、实验原理

乙酸乙酯皂化反应是二级反应，反应式为

$$CH_3COOC_2H_5 + Na^+ + OH^- \rightleftharpoons CH_3COO^- + C_2H_5OH + Na^+$$

实验时反应物 $CH_3COOC_2H_5$ 和 NaOH 采用相同的初始浓度 a，设在时刻 t 生成物的浓度为 x，则该反应的动力学方程为

$$\frac{dx}{dt} = k(a-x)^2 \tag{2-19-1}$$

对式(2-19-1)积分得

$$k = \frac{1}{t}\frac{x}{a(a-x)} \tag{2-19-2}$$

由式(2-19-2)可知，初始浓度 a 是已知的，只要由实验测得不同时刻 t 的 x 值，就可以算出不同时刻 t 的 k 值。如果 k 值为常数，就可以证明该反应是二级反应，或者用 $x/(a-x)$ 对 t 作图，若为直线，也就证明是二级反应，并可从斜率求出 k 值。

不同时刻 t 生成物的浓度 x 可用化学分析法测定（例如用标准酸滴定反应液中 OH^- 的浓度），也可以用物理分析法测定（如测量电导），本实验用电导法测定。用电导法测定 x 值的依据如下：因为反应体系是在稀释的水溶液中进行，可以认为 CH_3COONa 是全部解离的，参加导电的离子有 Na^+、OH^- 和 CH_3COO^-，而 Na^+ 在反应前后浓度不变，OH^- 的电导率远大于 CH_3COO^- 的电导率，随着反应的进行，OH^- 的浓度不断减少，CH_3COO^- 的浓度不断增加，体系的电导率不断下降。

显然体系的电导率减少值和 CH_3COONa 的浓度 x 的增大值成正比，即

$t = t$ 时
$$x = A(\kappa_0 - \kappa_t) \tag{2-19-3}$$

$t \to \infty$ 时
$$a = A(\kappa_0 - \kappa_\infty) \tag{2-19-4}$$

式中：κ_0 为起始时体系的电导率；κ_t 为时刻 t 的电导率；κ_∞ 为反应终了时的电导率；A 是与温度、溶剂、电解质 NaOH 及 NaAc 的性质有关的比例常数。

将式(2-19-3)、式(2-19-4)代入式(2-19-2)中得

$$k = \frac{A(\kappa_0 - \kappa_t)}{aA[(\kappa_0 - \kappa_\infty) - (\kappa_0 - \kappa_t)]t} = \frac{\kappa_0 - \kappa_t}{a(\kappa_t - \kappa_\infty)t} \tag{2-19-5}$$

将式(2-19-5)重排得

$$\kappa_t = \frac{1}{ak}\frac{\kappa_0 - \kappa_t}{t} + \kappa_\infty \tag{2-19-6}$$

因此只要测出 κ_0 及一组 κ_t 值后，用 κ_t 对 $\frac{\kappa_0 - \kappa_t}{t}$ 作图，应为一直线，斜率为 $\frac{1}{ak}$，则反应速率常数 k 可求。

三、仪器与试剂

混合反应器 1 个；电导率仪 1 台；电导电极 1 支；恒温槽 1 套；吸量管(10 mL)1 支；洗耳球 1 个。

0.0200 $mol \cdot L^{-1}$ NaOH 溶液（新配制）；乙酸乙酯（A. R.）。

四、实验步骤

(1) 调节恒温槽温度至 25 ℃。

(2) 仪器校正。

打开电导率仪,预热 15 min。调节温度补偿旋钮,使其标志线与被测液的实际温度相一致。当温度补偿旋钮置于 25 ℃时,则不需补偿作用。调节常数旋钮,使仪器显示值为所用电极常数值。将“校正/测量”开关打向“校正”,旋转“调正”旋钮,使表针指向满刻度,完成空气校正。注意:在不确定电导率数值之前,可先将量程开关调至最大。

(3) κ_0的测定。

用吸量管移取 10 mL 0.0200 mol/L NaOH 溶液于小烧杯中,加入 10 mL 蒸馏水,混匀。插入电极,放入恒温槽中恒温,测定电导率,即为 κ_0。

(4) κ_t的测定。

向烘干的反应器的 A 管中注 20 mL 0.0200 mol/L NaOH 溶液,向 B 管中注入 20 mL 0.0200 mol/L乙酸乙酯溶液。用同浓度 NaOH 溶液冲洗电极 3 次,将其放入 A 管并一起置于恒温槽恒温。然后用洗耳球将 B 管中的乙酸乙酯压入 A 管,当乙酸乙酯进入一半时开始计时,作为反应起始时间,再将 A 管内的混合液抽回 B 管,来回混合两三次,最后使溶液全部排入 A 管。反应开始 5 min 后开始计时,此后每隔 1 min 测量一次电导率,连续记录 25 个点后停止。将恒温槽调至 35 ℃,按上述操作,测量 35 ℃时的 κ_0 和 κ_t。

五、数据处理

(1) 将实验数据列入表 2.19.1 中。

表 2.19.1　实验数据记录

实验温度________℃　　κ_0________

时间/min	κ_t	$\kappa_0-\kappa_t$	$\frac{\kappa_0-\kappa_t}{t}$

(2) 以 κ_t对 $\frac{\kappa_0-\kappa_t}{t}$ 作图,求其反应速率常数 k。

(3) 根据阿仑尼乌斯公式 $\ln\frac{k_2}{k_1}=\frac{E_a}{R}\frac{T_2-T_1}{T_1T_2}$ 计算活化能 E_a。

六、注意事项

使用的试管一定要干燥。

七、思考题

(1) 为什么 0.0200 mol · L^{-1}NaOH 溶液的电导率可以认为是 κ_0?

(2) 通过电导池的电流为什么不能用直流电?

(3) 如何从实验结果来验证乙酸乙酯皂化反应为二级反应?

附　混合反应器

此实验还可以使用混合反应器进行实验,在混合反应器的两个支管中,分别装入同体积同浓度的 NaOH 和乙酸乙酯溶液，反应时将两个支管中的溶液混合。常用的混合反应器形式如图 2.19.1 所示。

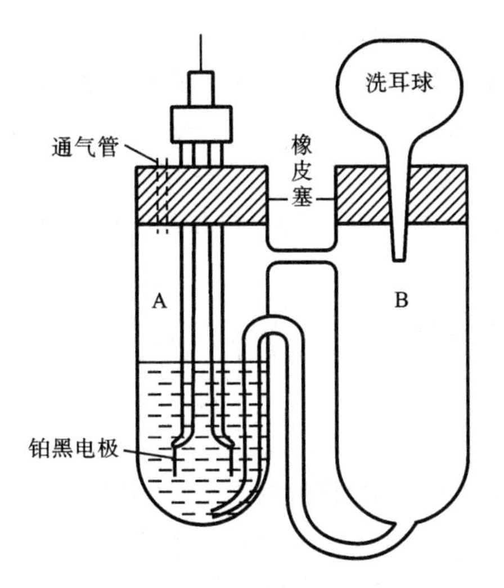

图 2.19.1　恒温混合反应器

实验 20　过氧化氢催化分解反应速率常数的测定

一、实验目的

（1）测定过氧化氢催化分解反应速率常数及半衰期。

（2）熟悉一级反应的特点，了解反应物浓度、温度及催化剂对一级反应的影响。

二、实验原理

过氧化氢的分解反应为

$$H_2O_2 \longrightarrow H_2O + \frac{1}{2}O_2$$

该反应为一级反应，速率方程可表示为

$$-\frac{dc_A}{dt} = kc_A \tag{2-20-1}$$

将式(2-20-1)积分可得

$$\ln c_A = \ln c_{A,0} - kt \tag{2-20-2}$$

式中：$c_{A,0}$ 为过氧化氢的初始浓度；c_A 为反应 t 时刻过氧化氢的浓度。

由过氧化氢的分解反应可以看出，在温度和压力保持不变的情况下，过氧化氢的分解速率和氧气的生成速率具有固定的线性关系。因此，本实验可采用物理法，通过测定不同时刻生成的氧气的体积来代替过氧化氢的浓度，进而求出速率常数。

设反应 t 时刻氧气的体积为 V_t，反应进行完全时得到氧气的体积为 V_∞，则有 $c_{A,0} \propto V_\infty$，$c_A \propto V_\infty - V_t$，代入式(2-20-2)中可得

$$\ln(V_\infty - V_t) = \ln V_\infty - kt \tag{2-20-3}$$

根据式(2-20-3)，以 $\ln(V_\infty - V_t)$ 对 t 作图可得一直线，直线斜率的负值即为过氧化氢分解

反应的速率常数。

过氧化氢在常温常压下分解缓慢，一旦加入催化剂，可大大加快反应的进行。常用的催化剂有 Ag、Pt、MnO_2、KI、$FeCl_3$ 等。本实验采用具有尖晶石结构的 $Cu_{1.5}Fe_{1.5}O_4$ 作催化剂，在碱性条件下，该化合物对过氧化氢的分解具有较高的催化活性。$Cu_{1.5}Fe_{1.5}O_4$ 的制备原理如下：

$$1.5CuCl_2 + 1.5FeCl_3 + 7.5NaOH \longrightarrow Cu_{1.5}Fe_{1.5}(OH)_{7.5} + 7.5NaCl$$

$$0.5O_2 + 4Cu_{1.5}Fe_{1.5}(OH)_{7.5} \longrightarrow 4Cu_{1.5}Fe_{1.5}O_4 + 15H_2O$$

先用 NaOH 溶液沉淀出 Cu(Ⅱ)和 Fe(Ⅲ)的混合氢氧化物，再将所得沉淀在空气中加热，进行氧化还原和脱水，得到 $Cu_{1.5}Fe_{1.5}O_4$。

过氧化氢的半衰期 $t_{1/2}$ 可由公式 $t_{1/2}=\dfrac{\ln 2}{k}$ 计算得到。

三、仪器与试剂

磁力搅拌器 1 台；秒表 1 块；50 mL 移液管 1 支；10 mL、5 mL 吸量管各 1 支；100 mL 锥形瓶 3 个；50 mL 酸式滴定管 1 支；50 mL、250 mL 烧杯各 2 个。

$Cu_{1.5}Fe_{1.5}O_4$ 粉末(自制)；1 $mol \cdot L^{-1}$ KOH 溶液；2% H_2O_2 溶液；0.04 $mol \cdot L^{-1}$ $KMnO_4$ 标准溶液；3 $mol \cdot L^{-1}$ H_2SO_4 溶液。

四、实验步骤

(1) 检查装置的气密性。

实验装置如图 2.20.1 所示。

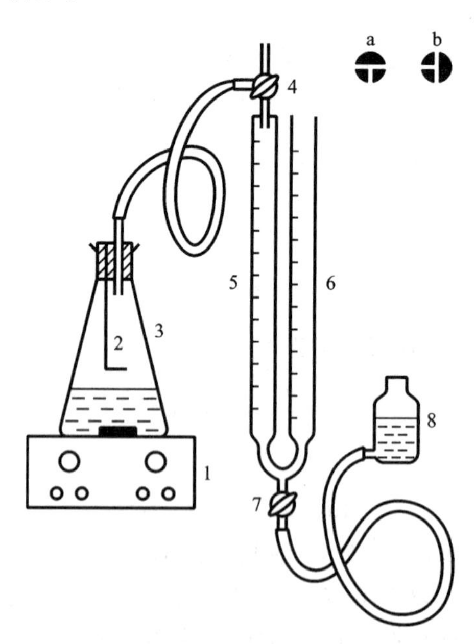

图 2.20.1　过氧化氢分解实验装置图

1—磁力搅拌器；2—催化剂托盘；3—锥形瓶；4—三通旋塞；5—量气管；6—平衡管；7—旋塞；8—水位瓶

将实验装置按图 2.20.1 连接好。在水位瓶 8 内装入适量蒸馏水，旋转三通旋塞 4 至 b 位置，使反应系统与大气和量气管 5 相通；高举水位瓶 8，调节量气管 5 的液面在零刻度，然后再旋转三通旋塞 4 至 a 位置，使体系与大气隔绝，将水位瓶 8 放回实验台。若量气管 5 与平衡管

6 的液面差在 2 min 内保持不变，则说明系统不漏气。

(2) 开始实验，记录时间 t 和体积 V。

分别吸取 1 mol·L^{-1} KOH 溶液 50 mL、2% H_2O_2 溶液 10 mL，注入锥形瓶 3 中。称取 10 mg $Cu_{1.5}Fe_{1.5}O_4$ 粉末，放入锥形瓶中的托盘 2 内，塞紧瓶塞，打开磁力搅拌器。打开旋塞 7，将三通旋塞 4 旋转至 b 位置，使反应装置与大气和量气管 5 相通。高举水位瓶，调节量气管 5 及平衡管 6 的液面在零刻度。关闭旋塞 7，调节三通旋塞 4 至 a 位置，使反应装置与大气隔绝，将水位瓶放回实验台。摇动反应瓶使催化剂落下，与反应液充分混合，立即按下秒表开始计时。打开旋塞 7，使平衡管 6 中的液面下降 8～10 mL，立即关闭旋塞 7。记录量气管 5 与平衡管 6 中液面相齐时所对应的时间 t 及量气管 5 中氧气的体积 V_t。打开旋塞 7，使平衡管内液面再次下降 8～10 mL，重复上述操作，直到量气管 5 内液面下降约 50 mL。

(3) V_∞ 的测定。

V_∞ 可根据 H_2O_2 溶液的浓度和体积算出。在酸性溶液中，H_2O_2 与 $KMnO_4$ 按下式反应：

$$5H_2O_2 + 2KMnO_4 + 3H_2SO_4 = 2MnSO_4 + K_2SO_4 + 8H_2O + 5O_2\uparrow$$

吸取 2% H_2O_2 溶液 5 mL 于锥形瓶中，加入足量 3 mol·L^{-1} H_2SO_4 溶液 1 mL，用 0.04 mol·L^{-1} $KMnO_4$ 标准溶液滴定至溶液呈粉红色，30 s 不褪色即为滴定终点。重复滴定操作一次，取平均值。根据滴定结果计算出 H_2O_2 溶液的浓度，即可算出第二步实验中 H_2O_2 全部分解所生成的 O_2 的量。利用气体状态方程换算成实验条件下 O_2 的体积 V_∞（p 取 101.325 kPa，T 取室温）。

五、数据处理

(1) 列出相应公式，计算 H_2O_2 溶液的标定浓度及 V_∞。

(2) 将实验数据填入表 2.20.1 中。

表 2.20.1　实验数据记录

室温________　大气压________　H_2O_2 标定浓度________　V_∞________

t/min	V_t/mL	$(V_\infty - V_t)$/mL	$\ln(V_\infty - V_t)$

(3) 以时间 t 为横坐标，$\ln(V_\infty - V_t)$ 为纵坐标，根据表 2.20.1 数据作图。并根据直线斜率求反应速率常数 k。

(4) 根据 k 值计算过氧化氢分解反应的半衰期。

六、注意事项

(1) 用秒表计时,应按下秒表上具有累加计时功能的按钮,这样可保证连续计时,又可准确读出量气管与平衡管液面相齐时所对应的时间。

(2) 反应进行的过程中,必须在量气管与平衡管液面相齐时才可记录时间。

(3) 反应刚开始时,氧气的生成速度较快,应及时记录数据。

七、思考题

(1) 读取氧气体积时,为什么要求量气管及平衡管中液面相齐?

(2) 反应的速率常数与哪些因素有关?

附 $Cu_{1.5}Fe_{1.5}O_4$的制备

称取 $CuCl_2 \cdot 6H_2O$ 和 $FeCl_3 \cdot 6H_2O$ 各 0.01 mol,分别用 20 mL 蒸馏水溶解。在搅拌下将 $CuCl_2$溶液缓缓加入 $FeCl_3$溶液中。缓慢滴加 5 $mol \cdot L^{-1}$ NaOH 溶液,调节系统 pH 值到 12~13,此时有棕色沉淀生成。将沉淀在蒸气浴上保温 30 min,室温下静置沉降,过滤,用蒸馏水洗涤至滤液呈中性。滤饼在 85~100 ℃的条件下干燥过夜,将产品研磨成粉,即得 $Cu_{1.5}Fe_{1.5}O_4$粉末。

实验 21 碘钟反应

一、实验目的

(1) 学习用初始浓度法测定过硫酸根离子与碘离子反应的反应级数、速率常数及反应活化能。

(2) 理解碘钟反应的基本原理。

二、实验原理

(1) 碘钟反应。

所谓碘钟反应,是指将过硫酸根离子与碘离子在溶有少量硫代硫酸钠与淀粉指示剂的情况下混合,混合液在特定的时间内保持无色,然后突然转变为蓝色。由于混合液由无色到蓝色这段时间可以精确计时,因此将这一反应称为碘钟反应。反应原理如下:

$$S_2O_8^{2-} + 2I^- \longrightarrow 2SO_4^{2-} + I_2 \tag{2-21-1}$$

生成的碘会和硫代硫酸钠迅速反应:

$$2S_2O_3^{2-} + I_2 \longrightarrow 2I^- + S_4O_6^{2-} \tag{2-21-2}$$

由于该反应极快,可以认为溶液中有 $S_2O_3^{2-}$ 时,I_2不会存在。只有当 $S_2O_3^{2-}$ 消耗完时,游离的 I_2才会与淀粉结合变为蓝色。由此可见,从反应开始到蓝色出现这段时间,可以通过调节反应物的浓度和硫代硫酸钠的用量来进行控制。

(2) 初始浓度法测定碘钟反应的反应级数、速率常数和反应活化能。

初始浓度法又称初始速率法,是化学动力学中求取反应级数的方法之一。其特点是固定其他反应条件不变,改变其中某一反应物的初始浓度,通过一系列实验获得初始浓度与反应初始速率的关系，进而求得该反应物的级数。该法的优点是可以避免产物及副反应对反应速率的影响。碘钟实验中，从反应开始到蓝色出现这段时间，可以用于反应初始速率的计算。

对于反应(2-21-1)，当温度和溶液的离子强度不变时，其速率方程可表示为

$$r=-\frac{d[S_2O_8^{2-}]}{dt}=k\,[S_2O_8^{2-}]^m\,[I^-]^n \tag{2-21-3}$$

其反应速率又可表示为

$$r=-\frac{d[S_2O_8^{2-}]}{dt}=-\frac{d[I^-]}{2dt}=\frac{d[SO_4^{2-}]}{2dt}=\frac{d[I_2]}{dt} \tag{2-21-4}$$

当采用初始浓度法测定时，其反应速率又可写成

$$r=-\frac{\Delta[S_2O_8^{2-}]}{\Delta t}=-\frac{\Delta[I^-]}{2\Delta t}=\frac{\Delta[SO_4^{2-}]}{2\Delta t}=\frac{\Delta[I_2]}{\Delta t} \tag{2-21-5}$$

根据式(2-21-5)、式(2-21-3)可知

$$\frac{\Delta[I_2]}{\Delta t}=k\,[S_2O_8^{2-}]^m\,[I^-]^n \tag{2-21-6}$$

将式(2-21-6)取对数得

$$\ln(\Delta t)=\ln(\Delta[I_2])-\ln k-m\ln[S_2O_8^{2-}]-n\ln[I^-] \tag{2-21-7}$$

式中：Δt 表示从反应开始到蓝色出现这段时间。

假定每次实验时都加入等量的硫代硫酸钠，则$\Delta[I_2]$为一定值($\Delta[I_2]$表示与硫代硫酸钠反应了的游离碘)，$\ln(\Delta[I_2])$可视为常数。温度不变时，$\ln k$ 亦为常数。此时，若保持$[I^-]$不变，以 $\ln(\Delta t)$对 $\ln[S_2O_8^{2-}]$作图，所得直线斜率的负值即为 m；若保持$[S_2O_8^{2-}]$不变，以 $\ln(\Delta t)$对 $\ln[I^-]$作图，所得直线斜率的负值即为 n。

将得到的 m 和 n 值代入式(2-21-6)，即可得到 k 值。

根据阿仑尼乌斯方程：

$$\ln k=\ln A-\frac{E_a}{RT}$$

假定在实验温度范围内 E_a不随温度改变，则可根据上述方法，测得不同温度下反应的速率常数 k，以 $\ln k$ 对 $1/T$ 作图，由所得直线斜率求算活化能 E_a。

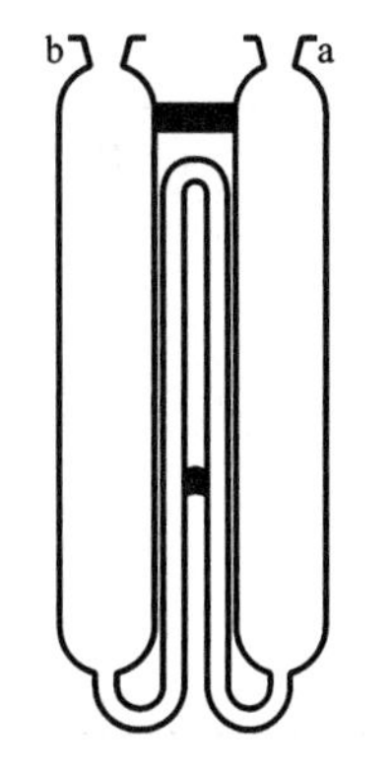

图 2.21.1　混合反应器

三、仪器与试剂

混合反应器(如图 2.21.1 所示)；秒表 1 块；10 mL 吸量管 5 支；5 mL 吸量管 2 支；洗耳球 1 个。

0.1 mol · L^{-1} $(NH_4)_2S_2O_8$（或 $K_2S_2O_8$）溶液；0.1 mol · L^{-1} $(NH_4)_2SO_4$（或 K_2SO_4）溶液；0.005 mol · L^{-1} $Na_2S_2O_3$ 标准溶液；0.1 mol · L^{-1} KI 溶液；0.5%淀粉指示剂。

四、实验步骤

(1) 按照表 2.21.1 所列数据将$(NH_4)_2S_2O_8$溶液及$(NH_4)_2SO_4$溶液放入反应器 a 池，并加 2 mL 0.5%淀粉指示剂；将 KI 溶液及$Na_2S_2O_3$溶液加入 b 池(见图 2.21.1)。在 25 ℃水浴中恒温 10 min 后，用洗耳球将 b 池中溶液迅速压入 a 池，当溶液压入一半时开始计时，并来回吸压 2 次使混合均匀。当混合溶液变为蓝色即停止计时。注意：整个溶液应同时变为蓝色，否

则说明溶液未混合均匀。

(2) 用相同方法进行其他组溶液的实验,每组淀粉指示剂的用量均为 2 mL。

(3) 取 4 号溶液做 30 ℃、35 ℃和 40 ℃的实验,求活化能。

表 2.21.1 初始浓度法各组试剂浓度及取量

编号	0.1 mol·L^{-1}$(NH_4)_2S_2O_8$ 溶液体积/mL	0.1 mol·L^{-1}$(NH_4)_2SO_4$ 溶液体积/mL	0.1 mol·L^{-1}KI 溶液体积/mL	0.005 mol·L^{-1}$Na_2S_2O_3$ 标准溶液体积/mL
1	10	6	4	5
2	10	4	6	5
3	10	2	8	5
4	10	0	10	5
5	8	2	10	5
6	6	4	10	5
7	4	6	10	5

五、数据处理

(1) 将实验结果列入表 2.21.2 中。

表 2.21.2 各组试剂取量及时间记录

温度________℃

编号	0.1 mol·L^{-1} $(NH_4)_2S_2O_8$溶液体积 /mL	0.1 mol·L^{-1} $(NH_4)_2SO_4$溶液体积 /mL	0.1 mol·L^{-1} KI 溶液体积 /mL	0.005 mol·L^{-1} $Na_2S_2O_3$溶液体积 /mL	Δt/s	ln[I^-]	ln[$S_2O_8^{2-}$]
1	10	6	4	5			
2	10	4	6	5			
3	10	2	8	5			
4	10	0	10	5			
5	8	2	10	5			
6	6	4	10	5			
7	4	6	10	5			

(2) 取表 2.21.2 中编号 1、2、3、4 的数据,以 $\ln(\Delta t)$对 ln[I^-]作图,根据直线斜率求 n;取编号 4、5、6、7 的数据,以 $\ln(\Delta t)$对 ln[$S_2O_8^{2-}$]作图,根据直线斜率求 m。

(3) 根据式(2-21-6),用实验所得数据计算不同温度下的反应速率常数 k。用作图法求反应的活化能。

六、思考题

(1) 什么是初始浓度法?用初始浓度法测定动力学参数有什么优点?

(2) 碘钟反应的原理是什么?

(3) 实验中为什么要加入$(NH_4)_2SO_4$?其作用是什么?

Ⅳ　界面现象与胶体化学实验

实验 22　溶液表面张力的测定——最大气泡压力法

一、实验目的

（1）掌握用最大气泡压力法测定表面张力的原理和技术。

（2）测定不同浓度的正丁醇溶液的表面张力。

（3）根据吉布斯吸附公式计算溶液表面的吸附量及正丁醇分子的横截面积。

二、实验原理

处于液体表面的分子，由于受到不平衡的力的作用而具有表面张力。表面张力是指作用在表面的单位长度边界线上，且垂直于边界线向着表面的中心并与表面相切的力，单位是 $N \cdot m^{-1}$。

在一定温度和压力下，当加入溶质时，液体的表面张力会发生变化，有的会使溶液的表面张力增高，有的则会使溶液的表面张力降低，溶质在表面的浓度与溶液本体的浓度不同，此即为溶液的表面吸附现象。

溶液的表面吸附量（Γ）与溶液的表面张力（γ）和溶液本体浓度（c）之间的关系遵守吉布斯（Gibbs）吸附方程

$$\Gamma = -\frac{c}{RT}\left(\frac{\partial \gamma}{\partial c}\right)_T \tag{2-22-1}$$

式中：R 为摩尔气体常数；T 为绝对温度。

若 $\left(\frac{\partial \gamma}{\partial c}\right)_T < 0$，则 $\Gamma > 0$，称为正吸附；若 $\left(\frac{\partial \gamma}{\partial c}\right)_T > 0$，则 $\Gamma < 0$，称为负吸附。本实验测定正吸附的情况。

有些物质溶入溶剂后，能使溶剂的表面张力显著降低，这类物质称为表面活性物质。表面活性物质由极性的亲水基团和非极性的疏水基团构成。在水溶液表面，极性部分指向液体内部，非极性部分指向空气。表面活性物质分子在溶液表面排列的情况，随溶液浓度不同而异，如图 2.22.1 所示，其中○表示亲水基团，—表示疏水基团。当浓度很小时，分子平躺在液面上，如图 2.22.1(a)所示；当浓度增大时，分子排列如图 2.22.1(b)所示；当浓度增加到一定程度时，被吸附分子占据了所有表面，形成饱和吸附层，如图 2.22.1(c)所示。

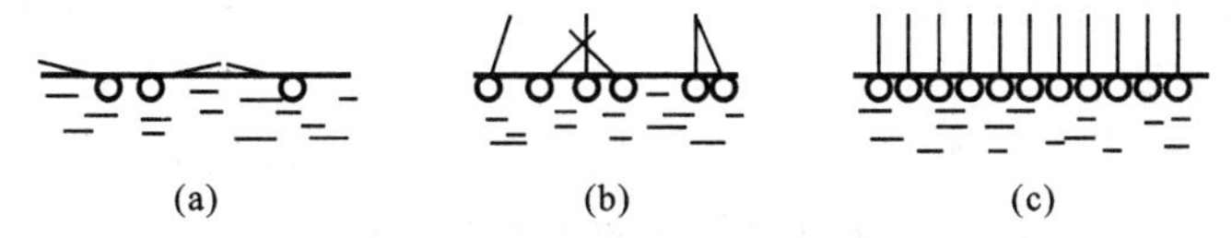

图 2.22.1　被吸附分子在溶液表面的排列

由实验测出表面活性物质不同浓度（c）对应的表面张力（γ）的值，然后作 γ-c 曲线，如图 2.22.2所示。

在该曲线上任取一点 a，通过 a 点作曲线的切线以及平行于横坐标的直线，分别交纵坐标

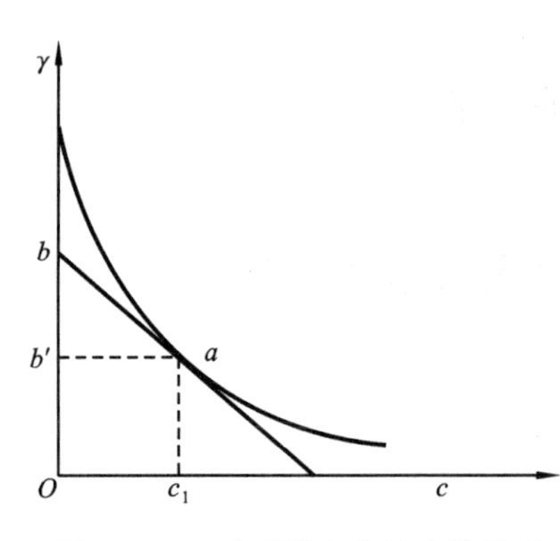

图 2.22.2　表面张力和浓度的关系

于 b、b'，令$\overline{bb'}=Z$，则

$$Z=-c\frac{\partial\gamma}{\partial c}\quad(c_0=0)\tag{2-22-2}$$

将式(2-22-2)代入吉布斯吸附方程式(2-22-1)，则 $\Gamma=\frac{Z}{RT}$；在 γ-c 曲线上取不同点，就可以得到不同的 Z 值，从而可以求出不同浓度下的吸附量。实验表明，吸附量与浓度之间的关系可以用朗格缪尔等温吸附方程来描述，即

$$\Gamma=\Gamma_\infty\frac{Kc}{1+Kc}\tag{2-22-3}$$

式中：Γ_∞ 为饱和吸附量；K 为常数；c 为吸附平衡时溶液的浓度。

上式可以改写成如下形式：

$$\frac{c}{\Gamma}=\frac{1}{K\Gamma_\infty}+\frac{1}{\Gamma_\infty}c\tag{2-22-4}$$

以 $\frac{c}{\Gamma}$ 对 c 作图为一直线，其直线斜率的倒数即为 Γ_∞。

如果 N 代表 1 m^2 表面上的分子数，则 $N=\Gamma_\infty N_A$，N_A 为阿伏伽德罗常数，于是每个分子在表面上所占的横截面积为

$$q=\frac{1}{\Gamma_\infty N_A}\tag{2-22-5}$$

本实验用最大气泡压力法测定表面张力，仪器装置如图 2.22.3 所示。

当毛细管下端端面与被测液面相切时，液体沿毛细管上升，打开抽气瓶的活塞缓缓放水抽气，测定管中的压力 p 逐渐减小，毛细管中压力 p_0 就会将液面压至管口，并形成气泡，其曲率半径由大到小，直到形成半球形，见图 2.22.4，这时曲率半径 R 与毛细管半径 r 相等。

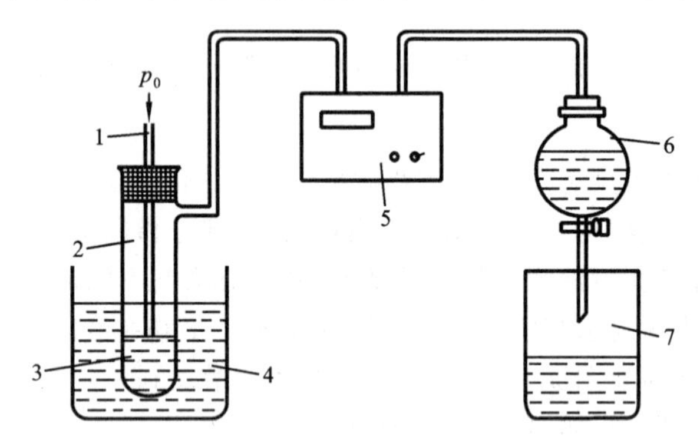

图 2.22.3　表面张力测定装置

1—毛细管；2—测定管；3—溶液；4—恒温水浴；5—数字式微压差测量仪；6—抽气瓶；7—烧杯

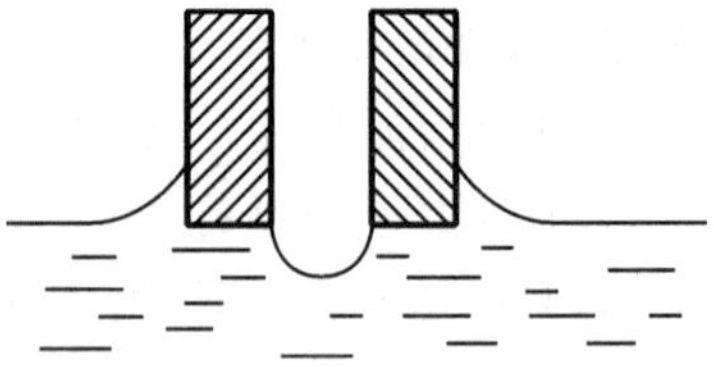

图 2.22.4　毛细管管口气泡形成过程

根据拉普拉斯(Laplace)公式，此时能承受的压力差为最大，有

$$\Delta p=p_0-p=\frac{2\gamma}{r}\tag{2-22-6}$$

随着放水抽气，大气压把该气泡压出管口，此时气泡的曲率半径再次增大，气泡表面膜所承受的压力差已减小，而测定管中的压力差却在增大，所以立即导致气泡的破裂。气泡破裂后将气

体带入测定管内，压力差下降。所以最大压力差值应是气泡半径为 r 时的压力差值。r 是毛细管的内半径，很难测定。可以用同一支毛细管和压力计，测两种不同表面张力的溶液的 Δp_1、Δp_2。进行比较，得 $\frac{\gamma_1}{\gamma_2}=\frac{\Delta p_1}{\Delta p_2}$。设 γ_1 为被测溶液的表面张力，γ_2 为水的表面张力，手册上可查到 γ_2 的值，Δp_1、Δp_2 是实验测量值，因而可得溶液的表面张力 γ_1 的值。

三、仪器与试剂

表面张力测定装置 1 套；500 mL 烧杯 1 个；恒温水槽 1 套；洗耳球 1 个；50 mL 容量瓶 5 个。

0.01 $mol \cdot L^{-1}$、0.02 $mol \cdot L^{-1}$、0.05 $mol \cdot L^{-1}$、0.08 $mol \cdot L^{-1}$、0.1 $mol \cdot L^{-1}$、0.2 $mol \cdot L^{-1}$、0.3 $mol \cdot L^{-1}$、0.4 $mol \cdot L^{-1}$ 正丁醇水溶液。（也可更换为 0.05 $mol \cdot L^{-1}$、0.10 $mol \cdot L^{-1}$、0.20 $mol \cdot L^{-1}$、0.40 $mol \cdot L^{-1}$、0.60 $mol \cdot L^{-1}$ 乙醇水溶液）

四、实验步骤

（1）将恒温槽温度调至 25 ℃。

（2）配制正丁醇水溶液：浓度分别为 0.01 $mol \cdot L^{-1}$、0.02 $mol \cdot L^{-1}$、0.05 $mol \cdot L^{-1}$、0.08 $mol \cdot L^{-1}$、0.1 $mol \cdot L^{-1}$、0.2 $mol \cdot L^{-1}$、0.3 $mol \cdot L^{-1}$、0.4 $mol \cdot L^{-1}$。

（3）洗净表面张力测定管及毛细管，装入蒸馏水，使毛细管管口与液面刚好相切，测定管要竖直放入槽中恒温 5～8 min，然后将测定管接入系统中，检验系统是否漏气，系统如不漏气，可进行测定。如用的是数字微压差计，接上电源，首先要打开抽气瓶的塞子使系统通大气，按归零键使仪表上的读数为零。接着将塞子塞紧，打开活塞缓缓滴水，使体系减压，当减压到一定程度，即有气泡逸出，使气泡形成时间为 5～10 s，注意压力计上的读数，记录压力差达到的最大值，连续测定 3 次，取平均值。

（4）用同样的方法由稀至浓依次测定不同浓度的正丁醇水溶液。每次更换溶液时，都要用所要测定的溶液洗涤测定管，特别是毛细管部分，确保毛细管内、外溶液的浓度与被测浓度一致。

五、数据处理

（1）列出实验数据表。

（2）从相关数据表中，查出实验温度下水的表面张力，求出各浓度正丁醇水溶液的 γ。

（3）在坐标纸上作 γ-c 曲线，曲线要用曲线板光滑地画出。

（4）在光滑的曲线上取 6 或 7 个点，例如浓度为 0.03 $mol \cdot L^{-1}$、0.05 $mol \cdot L^{-1}$、0.07 $mol \cdot L^{-1}$、0.1 $mol \cdot L^{-1}$、0.15 $mol \cdot L^{-1}$、0.2 $mol \cdot L^{-1}$、0.3 $mol \cdot L^{-1}$ 等处，作切线求出 Z 值，由 $\Gamma=\frac{Z}{RT}$ 计算 Γ 值，再计算 $\frac{c}{\Gamma}$ 值。

（5）作 $\frac{c}{\Gamma}$-c 图，由直线斜率求出 Γ_∞，并计算饱和吸附时单个分子在表面上所占的面积 q。

六、注意事项

（1）注意保护毛细管管口，不要碰损。

（2）安装仪器时应注意毛细管是否竖直。

(3) 测定正丁醇溶液的表面张力时,测量顺序一定是浓度由稀到浓。

(4) 本实验中的正丁醇水溶液也可用乙醇水溶液代替。

七、思考题

(1) 毛细管管口为何要刚好和液面相切?

(2) 毛细管不干净、温度不恒定对测量数据有何影响?

(3) 本实验为何要读取最大压力差值?

实验 23　黏度法测定高聚物的摩尔质量

一、实验目的

(1) 掌握用乌式黏度计测定聚合物溶液黏度的原理和方法。

(2) 测定聚乙烯醇的黏均摩尔质量。

二、实验原理

高聚物的摩尔质量对于它的性能影响很大。如橡胶的硫化程度、聚苯乙烯和乙酸纤维素的薄膜的抗张强度、纺丝黏液的流动性等都与它们的摩尔质量有关。通过测量摩尔质量,可进一步了解高聚物的性能,指导和控制聚合时的条件,以获得性能优良的产品。

高聚物是由单体分子经加聚或缩聚过程得到的,由于聚合度不同,每个高聚物分子的大小不同,摩尔质量都是不均一的,因此高聚物的摩尔质量只有统计上的意义,是一个统计平均值。由于测量的方法不同,可得到不同的摩尔质量,常用的有数均摩尔质量、质均摩尔质量、z 均摩尔质量和黏均摩尔质量四种,用黏度法测出的摩尔质量称为黏均摩尔质量。

黏度法设备简单,操作方便,并有很好的实验精密度,是常用的方法之一。液体在流动过程中,会产生内摩擦阻力,液体受内摩擦阻力的大小可用黏度 η 表示,单位是 Pa · s。阻力越大,黏度就越大。

用 η_0 表示纯溶剂的黏度,η 表示高聚物溶液的黏度,通常 η 比 η_0 大很多,黏度增加的分数称为增比黏度,即

$$\eta_{sp} = \frac{\eta - \eta_0}{\eta_0} = \eta_r - 1 \tag{2-23-1}$$

式中:$\eta_r = \frac{\eta}{\eta_0}$,称为相对黏度。

增比黏度随溶液中高聚物浓度的增加而增大,因此用其与浓度 c 之比来表示溶液的黏度,称为比浓黏度,即

$$\frac{\eta_{sp}}{c} = \frac{\eta_r - 1}{c} \tag{2-23-2}$$

比浓黏度随着溶液浓度 c 的变化而改变,当 $c \to 0$ 时,$\frac{\eta_{sp}}{c}$ 趋近于一固定极限值$[\eta]$,称为特性黏度,即

$$\lim_{c \to 0} \frac{\eta_{sp}}{c} = [\eta] \tag{2-23-3}$$

当 $c\to 0$ 时
$$\lim_{c\to 0}\frac{\ln\eta_r}{c}=[\eta] \tag{2-23-4}$$

$[\eta]$是指溶液无限稀时，高聚物分子间彼此相距很远，相互作用可以忽略，反映的是高聚物溶液中高聚物分子与溶液分子间的内摩擦，其值取决于溶剂的性质、高聚物分子的大小和其在溶液中的形态。

聚合物的黏度对浓度有一定的依赖关系，描述溶液黏度与浓度关系的方程较多，应用较多的是如下两个方程：

Huggins 公式
$$\frac{\eta_{sp}}{c}=[\eta]+\kappa[\eta]^2c \tag{2-23-5}$$

Kramer 公式
$$\frac{\ln\eta_r}{c}=[\eta]-\beta[\eta]^2c \tag{2-23-6}$$

所以将 $\frac{\eta_{sp}}{c}$ 对 c 和 $\frac{\ln\eta_r}{c}$ 对 c 作图均为直线，其截距为$[\eta]$，如图 2.23.1 所示，通过外推法，取 $c=0$即可得到$[\eta]$。$[\eta]$与高聚物的黏均摩尔质量 M 有下面的经验方程：
$$[\eta]=KM^{\alpha} \tag{2-23-7}$$

其中，K 和 α 是经验方程的两个参数。对于一定的大分子化合物、一定的溶剂和温度，K 和 α 为常数。其中 α 与溶液中大分子的形态有关。大分子在良好溶剂中，舒展松懈，α 值就大；在不良溶剂中，大分子卷曲，α 值小。K 受温度影响显著，K 和 α 可由其他的实验方法确定，也可在文献中查得。聚乙烯醇水溶液在 25 ℃时，$K=2.00\times10^{-5}\ kg^{-1}\cdot m^3$，$\alpha=0.76$；在 30 ℃时，$K=6.66\times10^{-5}\ kg^{-1}\cdot m^3$，$\alpha=0.64$。$[\eta]$与 K 的单位相同。

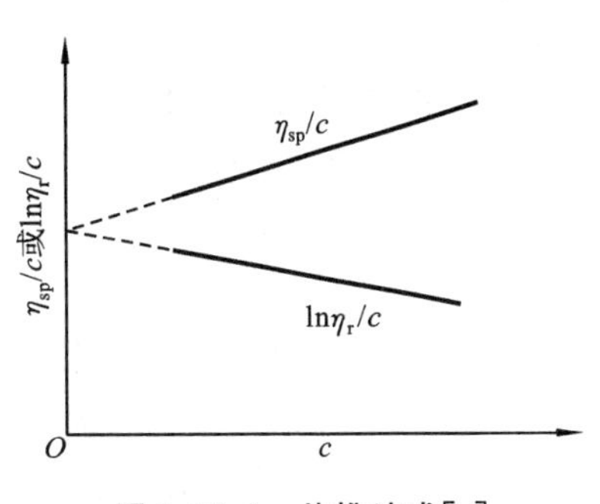

图 2.23.1　外推法求$[\eta]$

测定大分子的特性黏度$[\eta]$，以毛细管法最简便。根据泊肃叶(Poisuille)定律，液体的黏度 η 可以用 t 时间内液体流过半径为 r、长为 l 的毛细管的体积 V 来衡量：
$$\eta=\frac{\pi r^4\rho ght}{8Vl} \tag{2-23-8}$$

式中：η 为液体的黏度；ρ 为液体的密度；l 为毛细管的长度；r 为毛细管的半径；t 为体积为 V 的液体的流出时间；h 为流过毛细管液体的平均液柱高度；V 为流经毛细管的液体体积。

一般用已知黏度 η_0、密度 ρ_0 的液体(如纯水)，用某一毛细管黏度计测定流出时间 t_0，然后用同一支毛细管黏度计测定未知溶液的流出时间 t，其密度为 ρ，则该未知溶液的黏度 η 为
$$\eta=\frac{\rho t}{\rho_0t_0}\eta_0 \tag{2-23-9}$$

在测定溶液的黏度时，ρ_0、t_0、η_0分别为纯溶剂的密度、流出时间和黏度，又因为溶液很稀，可近似认为 $\rho\approx\rho_0$，所以溶液的黏度为
$$\eta=\frac{t}{t_0}\eta_0 \tag{2-23-10}$$

三、仪器与试剂

恒温水浴槽 1 台；铁架台(带铁夹)1 台；乌氏黏度计 1 支(见图 2.23.2)；10 mL、5 mL 吸量管各 1 支；洗耳球 1 个；秒表 1 块；止水夹 1 个；乳胶管 2 根。

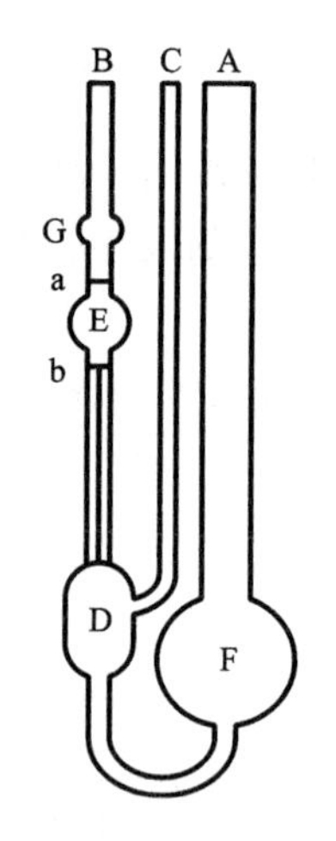

图 2.23.2　乌氏黏度计

$5\ g \cdot L^{-1}$聚乙烯醇水溶液(或$5\ g \cdot L^{-1}$聚乙二醇溶液);正丁醇。

四、实验步骤

(1) 调节恒温水浴的温度至 25 ℃或 30 ℃。

(2) 测定聚乙烯醇溶液在不同浓度下的流出时间。

用吸量管吸取 10 mL 已配好的聚乙烯醇水溶液,由 A 管加入洗净并烘干的乌氏黏度计中,从 B 管加入两滴正丁醇以消泡,然后在 C、B 两端分别套上一段乳胶管,用止水夹夹住 C 管上的乳胶管使之不漏气,将乌氏黏度计垂直夹在铁架台上,放入恒温水浴槽中(注意:黏度计的两球要没入水中),固定好并恒温 10 min。用洗耳球从 B 管上的乳胶管管口慢慢抽气,待液面升至球 G 的中部时停止抽气,取下洗耳球并同时松开 C 管上的止水夹,使空气进入球 D,毛细管内液体在球 D 处断开,在毛细管内形成气承悬液柱,液体流出毛细管下端就沿管壁流下,此时球 G 内液面逐渐下降。当液面恰好达到刻度线 a 时,立即按下秒表,开始计时,待液面下降至刻度线 b 时再按停秒表,记录溶液流经毛细管的时间。至少重复 3 次,取其平均值作为溶液流出的时间,每次测得的时间相差不得超过 0.4 s。

然后从 A 处向黏度计中加入 5 mL 蒸馏水,要加入 3 次,分别稀释成浓度为 $2/3c_0$、$1/2c_0$、$2/5c_0$ 的聚乙烯醇溶液,用同样的方法测定其流出的时间。

(3) 测定水流出的时间。

将黏度计内溶液由 A 管倒出,先用自来水冲洗黏度计 9 次,每洗一次都要让水流经黏度计的毛细管,特别要注意把毛细管洗干净。最后,以同样的方法用蒸馏水再将黏度计冲洗 3 次,然后加入适量的蒸馏水(约 15 mL),恒温后测定其流出的时间,至少重复 3 次,每次测得的时间相差不得超过 0.4 s,取其平均值。

(4) 实验完毕,倒出蒸馏水,将黏度计放入准备好的干净瓷盘中,关闭恒温水浴槽电源开关,收拾好实验台面,方能离开。

五、数据处理

(1) 将所测的实验数据及计算结果填入表 2.23.1 中(浓度 c 的单位是 $kg \cdot m^{-3}$)。

表 2.23.1　实验数据记录

室温________℃　　大气压________ Pa

原始溶液浓度 $c_0 = 5\ kg \cdot m^{-3}$　　恒温温度________℃

被测液		流出时间 t/s				η_r	$\ln\eta_r$	η_{sp}	η_{sp}/c	$\ln\eta_r/c$
		1 次	2 次	3 次	平均值					
溶剂					$t_0=$					
溶液	c_0									
	$2/3c_0$									
	$1/2c_0$									
	$2/5c_0$									

（2）作 η_{sp}/c-c 及 $\ln\eta_r/c$-c 图，并外推到 $c\to 0$，由截距求出$[\eta]$。

（3）计算聚乙烯醇的黏均摩尔质量。

六、注意事项

（1）黏度计要保持垂直状态，球 G 要没入恒温水浴中。

（2）从 B 管抽吸溶液前，必须夹紧 C 管上的乳胶管使之不漏气。否则，易把溶液吸到洗耳球内，并易产生气泡等；测定流出时间时，要先松开 C 管上的夹子。

（3）注意：每次稀释后都要用稀释液抽洗黏度计的两球 3 次，以确保黏度计内各处溶液的浓度相等，恒温后，按同样方法分别测定它们流出的时间。

（4）溶液每次稀释后需恒温后才能测量。

（5）测完溶液的黏度之后要充分清洗黏度计。

七、思考题

（1）乌氏黏度计毛细管的粗细对实验结果有何影响？

（2）乌氏黏度计中 C 管的作用是什么？能否去除 C 管，改为双管黏度计？

（3）若把溶液吸入乳胶管内会对实验结果产生什么影响？

（4）试列举影响准确测定的因素有哪些。

实验 24　溶液吸附法测定固体比表面积

一、实验目的

（1）用次甲基蓝水溶液吸附法测定颗粒活性炭的比表面积。

（2）了解朗格缪尔（Langmiur）单分子层吸附理论及溶液法测定比表面积的基本原理。

二、实验原理

水溶性染料的吸附已应用于测定固体的比表面积，在所有的染料中次甲基蓝具有最大的吸附倾向。研究表明，在一定的浓度范围内，大多数固体对次甲基蓝的吸附是单分子层吸附，符合朗格缪尔吸附理论。

朗格缪尔吸附理论的基本假定如下：固体表面是均匀的，吸附是单分子层吸附，吸附剂一旦被吸附质覆盖就不能再吸附；在吸附平衡时，吸附和脱附建立动态平衡，吸附速率与空白表面成正比，解吸速率与覆盖度成正比。

设固体表面的吸附位总数为 N，覆盖度（一定温度下，吸附分子在固体表面上所占面积占总面积的分数）为 θ，溶液中吸附质的浓度为 c，根据上述假定，有

$$\text{吸附质分子(在溶液)} \underset{\text{脱附 } k_{-1}}{\overset{\text{吸附 } k_1}{\rightleftharpoons}} \text{吸附质分子(在固体表面)}$$

吸附速率　$v_{吸} = k_1 N(1-\theta)c$

脱附速率　$v_{解} = k_{-1} N\theta$

当达到动态平衡时　$k_1 N(1-\theta)c = k_{-1} N\theta$

由此可得

$$\theta = \frac{k_1 c}{k_{-1} + k_1 c} = \frac{K_{吸}\, c}{1 + K_{吸}\, c} \tag{2-24-1}$$

式中：k_1 为吸附速率常数；k_{-1} 为脱附速率常数；$K_{吸}=\frac{k_1}{k_{-1}}$ 称为吸附平衡常数，其值取决于吸附剂和吸附质的本性及温度，$K_{吸}$ 值越大，固体对吸附质吸附能力越强。若以 Γ 表示浓度 c 时的平衡吸附量，以 Γ_{∞} 表示全部吸附位被占据的单分子层吸附量，即饱和吸附量，则

$$\theta=\frac{\Gamma}{\Gamma_{\infty}}$$

代入式(2-24-1)，得

$$\Gamma=\Gamma_{\infty}\frac{K_{吸}c}{1+K_{吸}c} \tag{2-24-2}$$

将式(2-24-2)重新整理，可得如下形式：

$$\frac{c}{\Gamma}=\frac{1}{\Gamma_{\infty}K_{吸}}+\frac{1}{\Gamma_{\infty}}c \tag{2-24-3}$$

以 $\frac{c}{\Gamma}$ 对 c 作图，从其直线斜率可求得 Γ_{∞}，再结合截距便得到 $K_{吸}$。Γ_{∞} 是指 1 g 吸附剂对吸附质的饱和吸附量，若每个吸附质分子在吸附剂上所占据的面积为 σ_A，则吸附剂的比表面积可按下式计算：

$$S=\Gamma_{\infty}N_A\sigma_A \tag{2-24-4}$$

式中：S 为吸附剂的比表面积；N_A 为阿伏伽德罗常数。

次甲基蓝具有以下矩形平面结构：

H_3C　N　Cl^-　CH_3
N　$\overset{+}{N}$
H_3C　S　CH_3

正离子大小为 $17.0\times7.6\times3.25\times10^{-30}$ m³。次甲基蓝的吸附有三种取向：平面吸附投影面积为 135×10^{-20} m²，侧面吸附投影面积为 75×10^{-20} m²，端基吸附投影面积为 39×10^{-20} m²。对于非石墨型活性炭，次甲基蓝是以端基吸附取向吸附在活性炭表面的，因此 $\sigma_A=39\times10^{-20}$ m²。

根据光吸收定律，当入射光为一定波长的单色光时，溶液的吸光度与溶液中有色物质的浓度及溶液层的厚度成正比。

$$A=\lg\frac{I_0}{I}=\varepsilon bc \tag{2-24-5}$$

式中：A 为吸光度；I_0 为入射光强度；I 为透射光强度；ε 为摩尔吸光系数；b 为光径长度或液层厚度；c 为溶液浓度。

次甲基蓝溶液在可见区有两个吸收峰，即 445 nm 和 665 nm，但在 445 nm 处活性炭吸附对吸收峰有很大的干扰，故本实验选用的工作波长为 665 nm，并用 72 型光电分光光度计进行测量。

三、仪器与试剂

72 型光电分光光度计 1 套；台秤 1 台；康氏振荡器 1 台；2 号砂芯漏斗 5 个；500 mL 容量瓶 6 个；50 mL 容量瓶 5 个；100 mL 具塞锥形瓶 5 个；100 mL 容量瓶 5 个；滴管 2 支；瓷坩埚 1 个；马弗炉 1 台。

次甲基蓝原始溶液(约 0.2%)；次甲基蓝标准溶液(3.126×10^{-4} mol·L⁻¹)。

颗粒状非石墨型活性炭。

四、实验步骤

(1) 样品活化。

将颗粒活性炭置于瓷坩埚中，放入 500 ℃马弗炉活化 1 h，然后置于干燥器中备用。

(2) 溶液吸附。

取 5 个洁净、干燥的具塞锥形瓶，编号，分别准确称取活化过的活性炭约 0.1 g 并置于瓶中，按表 2.24.1 配制不同浓度的次甲基蓝溶液 50 mL，然后塞上磨口塞，放置在康氏振荡器上振荡 3～5 h。样品振荡达到平衡后，将锥形瓶取下，用砂芯漏斗过滤，得到吸附平衡后溶液。分别称取滤液 5 g 放入 500 mL 容量瓶中，并用蒸馏水稀释至刻度，待用。

表 2.24.1　被吸附溶液配制比例

瓶编号	1	2	3	4	5
$V_{0.2\%次甲基蓝溶液}$ /mL	30	20	15	10	5
$V_{蒸馏水}$ /mL	20	30	35	40	45

(3) 原始溶液处理。

为了准确测量次甲基蓝原始溶液(约 0.2%)的浓度，称取 2.5 g 溶液放入 500 mL 容量瓶中，并用蒸馏水稀释至刻度，待用。

(4) 次甲基蓝标定溶液的配制。

用台秤分别称取 2 g、4 g、6 g、8 g、11 g 次甲基蓝标准溶液(3.126×10^{-4} mol · L^{-1})于 100 mL容量瓶中，用蒸馏水稀释至刻度，待用。

(5) 选择工作波长。

对于次甲基蓝溶液，工作波长为 665 nm。由于各台分光光度计波长刻度略有误差，可取某一待用标准溶液，在 600～700 nm 范围内测量吸光度，以吸光度最大时的波长作为工作波长。

(6) 测量吸光度。

以蒸馏水为空白溶液，分别测量 5 个标准溶液、5 个稀释后的平衡溶液以及稀释后的原始溶液的吸光度。

五、数据处理

(1) 作次甲基蓝溶液对吸光度的工作曲线。

算出次甲基蓝溶液的物质的量浓度，以次甲基蓝标准溶液物质的量浓度对吸光度作图，所得直线即工作曲线。

(2) 计算次甲基蓝原始溶液浓度和各平衡溶液浓度。

将实验测定的稀释后原始溶液吸光度，从工作曲线上查得对应的浓度，乘上稀释倍数 200，即为原始溶液的浓度。

将实验测定的各个稀释后的平衡溶液吸光度，从工作曲线上查得对应的浓度，乘上稀释倍数 100，即为平衡溶液的浓度 c。

(3) 计算吸附溶液的初始浓度。

按实验步骤(2)的溶液配制方法，计算各吸附溶液的初始浓度 c_0。

(4) 计算吸附量。

由平衡浓度 c 和初始浓度 c_0 的数据,按下式计算吸附量 Γ:

$$\Gamma=\frac{(c_0-c)V}{m} \tag{2-24-6}$$

式中:V 为吸附溶液的总体积;m 为加入溶液的吸附剂质量。

(5) 作朗格缪尔吸附等温线。

以 Γ 为纵坐标,c 为横坐标,作 Γ 对 c 的吸附等温线。

(6) 计算饱和吸附量。

由 Γ 和 c 的数据计算 $\frac{c}{\Gamma}$ 的值,然后作 $\frac{c}{\Gamma}$-c 图,由图计算饱和吸附量 Γ_∞。将 Γ_∞ 值用虚线作一水平线在 Γ-c 图上,此虚线即吸附量 Γ 的渐近线。

(7) 计算活性炭样品的比表面积。

将 Γ_∞ 值代入式(2-24-4),可算得活性炭样品的比表面积。

六、注意事项

(1) 实验步骤(2)中的样品振荡时间必须足够长,以确保达到吸附平衡。

(2) 尽可能保持恒温的实验条件。

七、思考题

(1) 固体在稀溶液中对溶质分子的吸附与固体在气相中对气体分子的吸附有何区别?

(2) 溶液产生吸附时,如何判断其达到平衡?

实验 25　电泳法测定氢氧化铁胶体的电动电势

一、实验目的

(1) 掌握氢氧化铁($Fe(OH)_3$)胶体的制备及纯化。

(2) 掌握电泳法测定 $Fe(OH)_3$ 胶体电动电势的原理和技术。

(3) 明确求算电动电势公式中各物理量的意义。

二、实验原理

胶体现象无论在工农业生产中还是在日常生活中,都是常见的现象。为了了解胶体现象,进而掌握其变化规律,进行胶体的制备及性质研究实验很有必要。

(1) 胶体的制备。

胶体的制备方法可分为分散法和凝聚法。分散法是用适当方法把较大的物质颗粒变为胶体大小的质点;凝聚法是先制成难溶物的分子(或离子)的过饱和溶液,再使之相互结合成胶体粒子而得到胶体。$Fe(OH)_3$ 胶体的制备就是采用化学法,即通过化学反应使生成物呈过饱和状态,然后粒子再结合成胶体。

将 $FeCl_3$ 在水溶液中水解生成红棕色 $Fe(OH)_3$ 胶体:

$$FeCl_3+3H_2O \longrightarrow Fe(OH)_3+3HCl \tag{2-25-1}$$

胶体表面的$Fe(OH)_3$与HCl反应：

$$Fe(OH)_3 + HCl \longrightarrow FeOCl + 2H_2O \tag{2-25-2}$$

而FeOCl解离成FeO^+和Cl^-，$Fe(OH)_3$胶体胶核会吸附FeO^+而带正电荷，其胶团结构式如下：

$$\underbrace{\underbrace{\left\{\underbrace{[Fe(OH)_3]_m}_{\text{胶核}} \cdot \overbrace{nFeO^+ \cdot (n-x)Cl^-}^{\text{紧密层}}\right\}^{x+}}_{\text{胶粒}} \cdot \overbrace{xCl^-}^{\text{扩散层}}}_{\text{胶团}}$$

（2）胶体的纯化。

制成的$Fe(OH)_3$胶体体系中常有其他杂质存在，影响其稳定性，因此必须纯化。常用的纯化方法是半透膜渗析法。渗析时以半透膜隔开胶体和纯溶剂，胶体中的杂质，如电解质及小分子能透过半透膜，进入溶剂中，而大部分胶粒却不透过。如果不断更换溶剂，则可把胶体中的杂质除去。要提高渗析速度，可用热渗析或电渗析法。

（3）胶体的电动电势。

在胶体体系中，由于胶体本身的解离或胶粒对某些离子的选择性吸附，胶粒的表面带有一定的电荷。在外电场作用下，胶粒向异性电极定向泳动，这种胶粒向正极或负极移动的现象称为电泳。由于溶剂化作用，荷电的胶粒吸附一定量介质构成溶剂化层，溶剂化层与胶粒一起移动，形成滑动面。滑动面与溶液本体之间的电位差称为电动电势，用符号ζ表示，它只有在运动时才体现出来。电动电势的大小直接影响胶粒在电场中的移动速度。原则上，任何一种胶体的电动现象都可以用来测定电动电势，其中最方便的是用电泳现象中的宏观法测定，也就是通过观察胶体与另一种不含胶粒的导电液体的界面在电场中的移动速度来测定电动电势。

电动电势ζ与胶粒的性质、介质成分及胶体的浓度有关。在指定条件下，ζ的数值可根据亥姆霍兹方程计算，即

$$\zeta = \frac{K\pi\eta u}{\varepsilon H} = \frac{4\pi\eta dL}{\varepsilon E t} \tag{2-25-3}$$

式中：K为与胶粒形状有关的常数（对于球形胶粒，$K=6$；对于棒形胶粒，$K=4$。在本实验中均按棒形胶粒看待）；η为介质的黏度，Pa·s，用水在实验温度下的黏度值（注意单位换算：$1\ cP = 10^{-3}\ Pa \cdot s$）；$u$为电泳速度，m /s，$u=d/t$，$d$为时间$t$内胶体界面移动的距离；$H$为电位梯度，即单位长度上的电位差，$H=E/L$，式中$E$为外电场在两极间的电位差，$L$为两极间的距离；$\varepsilon$为介质的介电常数，$\varepsilon = 4\pi\varepsilon_0\varepsilon_r$，$\varepsilon_0$为真空介电常数（单位为$F \cdot m^{-1}$），$\varepsilon_r$为介质的相对介电常数。

$$\varepsilon_0 = 8.8542 \times 10^{-12}\ F \cdot m^{-1}$$

$$\varepsilon_r = [80 - 0.4 \times (T/K - 293)]\ F \cdot m^{-1}$$

$$\varepsilon = [8.899 \times 10^{-9} - 4.45 \times 10^{-11} \times (T/K - 293)]\ F \cdot m^{-1}$$

将实验数据及各常数代入式(2-25-3)，即可求得ζ。

实验装置如图2.25.1所示。

三、仪器与试剂

DYJ-3型电泳仪（附Pt电极）1套；WYJ-G型稳压电源1台；电导率仪1台；50 mL烧杯2个；250 mL、500 mL烧杯各一个；125 mL棕色试剂瓶1个；125 mL大口锥形瓶1个。

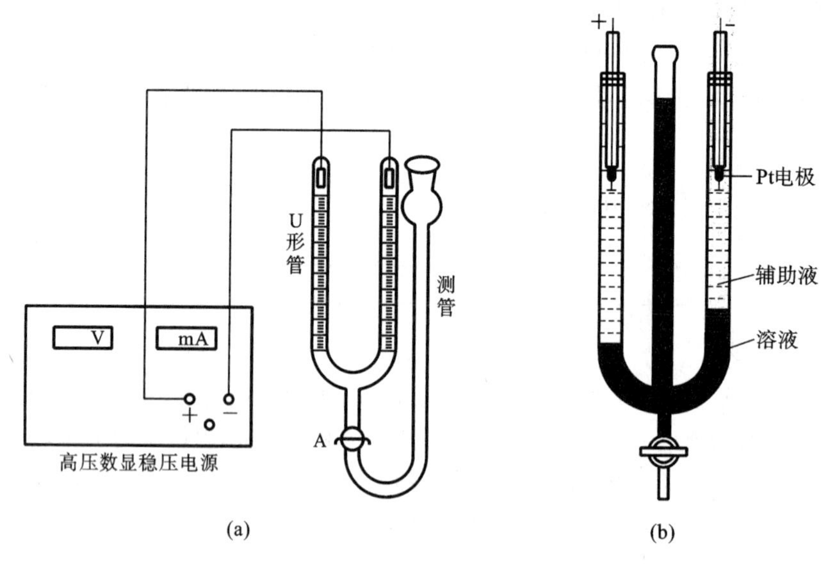

图 2.25.1　电泳装置

10%$FeCl_3$溶液；火棉胶溶液(市售 6%)；3 mol · L^{-1} HCl 溶液；稀 $AgNO_3$溶液；稀 KSCN 溶液。

四、实验步骤

(1) 水解法制备 $Fe(OH)_3$胶体。

于 250 mL 烧杯中加入 100 mL 蒸馏水，加热煮沸，缓慢滴入 5 mL 10%$FeCl_3$溶液，并不断搅拌，加完后继续煮沸 3 min，水解得到红棕色的 $Fe(OH)_3$胶体。

(2) $Fe(OH)_3$胶体的纯化。

① 制备半透膜：为了纯化已制备好的胶体，需要用半透膜。选择一个 125 mL 内壁光滑的锥形瓶，洗涤烘干，倒入约 8 mL 6%火棉胶溶液，小心转动锥形瓶，使火棉胶在瓶内形成均匀的薄层，倒出多余的火棉胶，将锥形瓶倒置于铁圈上，流尽多余的火棉胶，并让乙醚挥发，直至用手指轻轻接触膜而不黏着为止。然后加水入瓶内至满，浸膜于水中约 10 min，倒去瓶内的水。用小刀在瓶口轻轻剥开一部分膜，在膜与瓶壁间注水，使膜脱离瓶壁，倒出水的同时轻轻取出膜袋，检查是否有漏洞，若有洞，应重做。

② 胶体的纯化：把水解得到的 $Fe(OH)_3$ 胶体置于半透膜袋内，用线拴住袋口，置于 500 mL加有 60～70 ℃蒸馏水的烧杯中渗析，每隔 30 min 换一次水，并取出少许蒸馏水检验其中 Cl^- 和 Fe^{3+}，直到不能检出离子为止。然后将纯化好的溶胶置于 125 mL 洁净的棕色试剂瓶中。

(3) 电泳实验。

① 配制辅助液。

用电导率仪测定纯化好的 $Fe(OH)_3$胶体的电导率，然后向一个 50 mL 烧杯中加入蒸馏水，用滴管逐滴滴入 3 mol · L^{-1} HCl 溶液，并测量此溶液的电导率，使其电导率与胶体的电导率相等，此稀溶液即为待用的辅助液。

② 装胶体。

用蒸馏水洗净电泳管，将少量 $Fe(OH)_3$胶体倒入电泳管中，使 $Fe(OH)_3$胶体注满旋塞内孔，关闭旋塞，把电泳管倒置，将多余的胶体倒净，并用蒸馏水洗净管壁。

在电泳管的U形管中注入辅助液，在球形漏斗中注入$Fe(OH)_3$胶体。将旋塞打开少许，使得$Fe(OH)_3$胶体缓慢进入辅助液支管中，至胶体界面到达零刻度线以上，关闭旋塞，分别记下两边胶体界面的刻度。注意：辅助液的用量要适当，胶体界面到达零刻度线后，辅助液要浸没电极并高至少0.5 cm；控制装胶体的速度，尽可能缓慢，以保持界面清晰。

③ 测定胶体电泳速度。

插入电极，接通电源，调节电压E为70 V，同时开始计时。每隔5 min记录一次胶体界面上升的距离，记为d，直到30 min时止。并用细铁丝量取两极之间的距离L。

实验结束后，将球形漏斗的$Fe(OH)_3$胶体回收，用自来水洗电泳管多次，最后用蒸馏水洗一次。

五、数据处理

(1) 以所测时间t为横坐标，胶体液面上升距离d为纵坐标，作d-t图(应为一直线)。

(2) 根据式(2-25-3)可知

$$d=\frac{\zeta\varepsilon E}{4\pi\eta L}t$$

d-t图中直线的斜率即为$\frac{\zeta\varepsilon E}{4\pi\eta L}$，由此可求得$\zeta$。

将实验数据代入式(2-25-3)中计算ζ。

六、注意事项

(1) 本实验对仪器的干净程度要求很高，否则可能发生胶体凝聚，导致毛细管堵塞。故一定要将仪器清洗干净。

(2) 在选取辅助液时，一定要保证其电导率与胶体电导率相同。本实验选取的是HCl作为辅助液。

(3) 观察界面时应由同一个人观察，从而减小误差。

七、思考题

(1) 电泳速度的快慢与哪些因素有关？

(2) 如果电泳仪事先没洗净，管壁上残留微量电解质，对电泳测量结果将有什么影响？

(3) $Fe(OH)_3$胶体的胶粒带何种符号的电荷？为什么？

(4) 测电动电势时，为什么要控制所用的辅助液的电导率与待测溶胶的电导率相等？根据什么条件选择作为辅助液的物质？

(5) 在电泳测定中如不用辅助液，把两电极直接插入胶体中会发生什么现象？

第三章　综合性实验

实验1　电动势测定方法的应用——测定反应的热力学参数

一、实验目的

（1）掌握电动势法测定化学反应热力学函数变化的原理和方法。

（2）测定可逆电池在不同温度下的电动势，并计算电池反应的热力学函数$\Delta_r S_m$、$\Delta_r G_m$、$\Delta_r H_m$。

二、实验原理

将一化学反应设计成一个可逆电池，用对消法测定该可逆电池在不同温度下的电动势，以E对t作图，根据曲线斜率，求得电动势的温度系数$\left(\frac{\partial E}{\partial T}\right)_p$。

测得电动势E(V)及温度系数$\left(\frac{\partial E}{\partial T}\right)_p$（$V \cdot K^{-1}$），则可计算该反应的热力学函数$\Delta_r G_m$、$\Delta_r S_m$、$\Delta_r H_m$，计算公式如下：

$$\Delta_r G_m = -nEF \tag{3-1-1}$$

式中：n为电池反应转移的电子数；F为法拉第常数，$C \cdot mol^{-1}$。

$$\Delta_r S_m = nF\left(\frac{\partial E}{\partial T}\right)_p \tag{3-1-2}$$

$$\Delta_r H_m = -nEF + nFT\left(\frac{\partial E}{\partial T}\right)_p \tag{3-1-3}$$

本实验测定如下反应的$\Delta_r G_m$、$\Delta_r S_m$、$\Delta_r H_m$：

$$Ag^+(0.100\ mol \cdot L^{-1}) + Cl^-(0.100\ mol \cdot L^{-1}) \longrightarrow AgCl(s)$$

将此反应设计成如下可逆电池：

$$Ag\text{-}AgCl|Cl^-(0.100\ mol \cdot L^{-1}) \| Ag^+(0.100\ mol \cdot L^{-1})|Ag$$

三、仪器与试剂

SDC-Ⅱ型数字电位差综合测试仪1台；恒温装置1套；银电极2支；饱和NH_4NO_3盐桥1个；大试管2支；20 mL量筒2个。

0.100 $mol \cdot L^{-1}$ NaCl溶液；0.100 $mol \cdot L^{-1}$ $AgNO_3$溶液；氯化钾(A. R.)。

四、实验步骤

（1）调节恒温槽的温度为(25.0±0.3) ℃。

（2）配制电池：先在一支试管内加入0.100 $mol \cdot L^{-1}$ $AgNO_3$溶液15 mL，插入银电极，在另一支试管中加入0.100 $mol \cdot L^{-1}$ NaCl溶液约15 mL，再滴入2～3滴0.100 $mol \cdot L^{-1}$

$AgNO_3$溶液，生成 AgCl 饱和溶液(有混浊出现)，插入银电极，即配成 Ag-AgCl 电极，并以饱和 NH_4NO_3盐桥连通两支试管，组成如下可逆电池：

$$\text{Ag-AgCl}|Cl^-(0.100\ mol\cdot L^{-1})\parallel Ag^+(0.100\ mol\cdot L^{-1})|Ag$$

(3) 将电池放入已调节好的恒温槽中，恒定 5 min 以上，为使电极溶液与水浴温度尽快一致，可轻轻摇动大试管 2～3 次。

(4) 用电位差计测定电池的电动势，电位差计的使用方法见第六章第三节。

(5) 恒温槽温度每升高 5 ℃，恒定 5 min 以上，依步骤(4)的方法测量，共测 5～6 个不同温度下的电动势的值。

五、数据处理

(1) 将相关实验数据记录在表 3.1.1 中。

表 3.1.1　测量不同温度下电池的电动势

温度/℃	电动势测量值/V			平均值/V
25				
30				
35				
40				

(2) 以温度 T 为横坐标，电动势 E 为纵坐标作图，绘出关系曲线后求出斜率，再分别求出 298.15 K下电池反应诸热力学函数的变化值。

(3) 将实验测得的 298.15 K 下的$\Delta_r S_m$、$\Delta_r G_m$和$\Delta_r H_m$与手册上查到的$\Delta_r S_m$、$\Delta_r G_m$、$\Delta_r H_m$值相比较，求相对误差。

附　Ag-AgCl 电极的制备及使用

(1) 测定反应 $Zn(s)+2AgCl(s)\longrightarrow ZnCl_2(aq)+2Ag(s)$的热力学函数改变值，可设计成电池：

$$Zn|ZnCl_2(0.100\ mol\cdot L^{-1})|\text{AgCl-Ag}$$

(2) Ag-AgCl 电极的制备。

使用的 Ag-AgCl 电极可自己制备，制备方法如下：取一支银电极于 3 mol · L^{-1} HNO_3溶液中浸泡 1 min，用去离子水冲洗干净后，将此电极作为阳极，另一支银电极为阴极，在 1 mol · L^{-1} HCl 溶液中，以 2.5 mA · cm^{-2}电流电解约 1 h，见图 3.1.1。取出，用去离子水冲洗干净，将制得的紫褐色 AgCl 电极浸入 0.100 mol · L^{-1} $ZnCl_2$溶液中，避光保存 24 h 以上，使之达平衡，因新制备的 Ag-AgCl 电极需放置 24 h 以后才能稳定，故实验时所用电极均需提前制备。

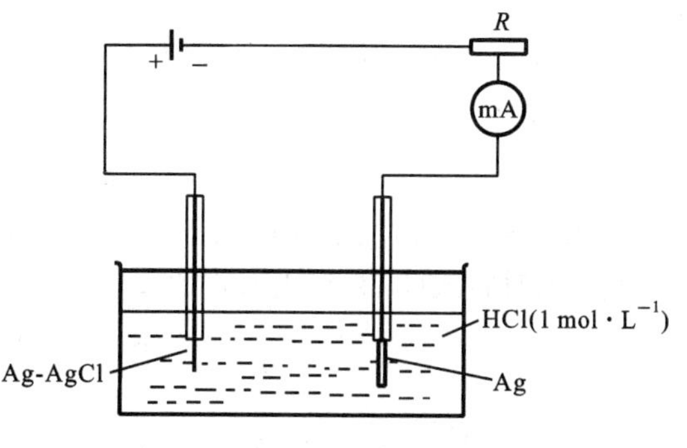

图 3.1.1　Ag-AgCl 电极的制备

实验 2　离子选择性电极的应用

一、实验目的

(1) 了解离子选择性电极的基本性能及其测定方法。

(2) 掌握氯离子选择性电极的基本使用方法。

二、实验原理

氯离子选择性电极是一种测定水溶液中 Cl^- 浓度的分析工具，目前在水质、土壤等分析中有广泛应用，其结构如图3.2.1所示。

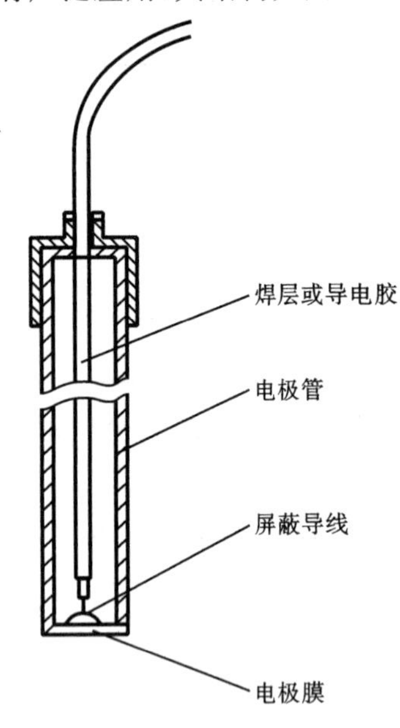

图 3.2.1　氯离子选择性电极结构示意图

(1) 电极电势与离子浓度的关系。

氯离子选择性电极是采用由 AgCl 和 Ag_2S 的粉末混合物压成的膜片的一种以电势响应为基础的电化学敏感元件，在膜-液界面上产生特定的电势响应值，其电势与被测溶液中的氯离子活度关系可用能斯特方程表示。作为电化学性物质，它与 Ag-AgCl 电极十分相似，当它与被测溶液接触时，就发生离子交换反应，结果在电极膜片上产生具有一定电势梯度的双电层。这样在电极溶液之间就存在电位差，在一定条件下其电极电势与被测溶液中的离子活度之间有以下关系：

$$\varphi_{Ag,AgCl,Cl^-} = \varphi^{\ominus}_{Ag,AgCl,Cl^-} - \frac{RT}{zF}\ln a_{Cl^-} \tag{3-2-1}$$

在测量时，以饱和甘汞电极为参比电极，两者在被测溶液中组成可逆电池，若甘汞电极的电极电势用 $\varphi_{甘汞}$ 表示，则上述电池的电动势为

$$E = \varphi^{\ominus}_{Ag,AgCl,Cl^-} - \frac{RT}{zF}\ln a_{Cl^-} - \varphi_{甘汞} \tag{3-2-2}$$

令 $E_0 = \varphi^{\ominus}_{Ag,AgCl,Cl^-} - \varphi_{甘汞}$，代入式(3-2-2)中，得

$$E = E_0 - \frac{RT}{zF}\ln a_{Cl^-} \tag{3-2-3}$$

其中

$$a_{Cl^-} = c_{Cl^-}\gamma_{Cl^-} \tag{3-2-4}$$

式中：c_{Cl^-} 和 γ_{Cl^-} 分别为 Cl^- 的浓度和活度系数。

根据 Lewis 经验公式，有

$$\lg\gamma_i = -Az_i^2\sqrt{I} \tag{3-2-5}$$

式中：γ_i 为 i 离子的活度系数；z 为 i 离子的价数；I 为离子强度。当 I 固定不变时，i 离子的 γ_i 为定值。此时将式(3-2-4)代入式(3-2-3)中，得

$$E = E'_0 - \frac{RT}{zF}\ln c_{Cl^-} \tag{3-2-6}$$

其中，$E'_0 = E_0 - \frac{RT}{zF}\ln\gamma_{Cl^-}$，$E'_0$ 在一定条件下为常数。因此，由式(3-2-6)可知 E 与 $\ln c_{Cl^-}$ 之间呈线性关系，只要测定不同浓度的 E 值，并将 E 对 $\ln c_{Cl^-}$ 作图，就可以了解电极的性能，并可以

确定其测量范围，氯离子选择性电极的测量范围为 $5\times10^{-5}\sim1\times10^{-1}$ mol · L^{-1}。

(2) 电极的选择性和选择性系数 $K_{i,j}$。

离子选择性电极常会受到溶液中其他离子的影响，也就是说，在同一电极膜上，往往可以有多种离子进行不同程度的交换。离子选择性电极的特点就在于其对特定离子有较好的选择性，受其他离子的干扰较小，电极选择性的好坏常用选择性系数来表示。

但是，选择性系数与测定方法、测定条件以及电极的制作工艺有关，同时也与计算所用的公式有关，一般离子选择性电极的选择性系数定义为

$$E = E'_0 \pm \frac{RT}{z_i F}\ln(a_i + K_{i,j}a_j^{z_i/z_j}) \tag{3-2-7}$$

式中："±"对正离子取"+"、负离子取"−"；i、j 分别为被测离子和干扰离子；a_i 为被测离子的活度；z_i 为被测离子所带的电荷数；z_j 为干扰离子所带的电荷数；$K_{i,j}$ 为 j 离子干扰 i 离子的选择性系数。

如果用于表示 Br^- 对氯离子选择性电极的干扰，式(3-2-7)可表示为

$$E = E'_0 \pm \frac{RT}{F}\ln(a_{Cl^-} + K_{Cl^-,Br^-}a_{Br^-}) \tag{3-2-8}$$

由式(3-2-8)可知，$K_{i,j}$ 越小，表示 j 离子对被测离子的干扰越小，也就表示电极的选择性越好。

测定 $K_{i,j}$ 最简单的方法是分别测定在具有相同活度的 i 和 j 离子的两种溶液中该离子选择性电极的 E_1 和 E_2，显然

$$E_1 = E'_0 \pm \frac{RT}{zF}\ln(a_i + 0)$$

$$E_2 = E'_0 \pm \frac{RT}{zF}\ln(0 + K_{i,j}a_j)$$

因为 $a_i = a_j$，所以

$$\ln K_{i,j} = \frac{z(E_2 - E_1)F}{RT} \tag{3-2-9}$$

这个方法称为分别溶液法。

正因为选择性系数与诸多因素有关，所以在表示一个离子选择性电极时应注意测定方法及测定条件，通常把 $K_{i,j}$ 值小于 10^{-3} 者认为无明显干扰。

三、仪器与试剂

pHS-3C 型酸度计 1 台；饱和甘汞电极 1 支；氯离子选择性电极 1 支；磁力搅拌器 1 台；1000 mL 容量瓶 1 个；500 mL 容量瓶 5 个；50 mL 移液管 3 支；250 mL 烧杯 1 个。

风干土壤样品；0.1%$Ca(Ac)_2$ 溶液；KNO_3(A. R.)；NaCl(A. R.)。

四、实验步骤

(1) 仪器装置。

按图 3.2.2 装好仪器。

(2) 溶液配制。

① 准确配制系列 NaCl 标准溶液，浓度分别为 1.0000 g · L^{-1}、0.1000 g · L^{-1}、0.0100 g · L^{-1}、0.0010 g · L^{-1}、0.0001 g · L^{-1}。

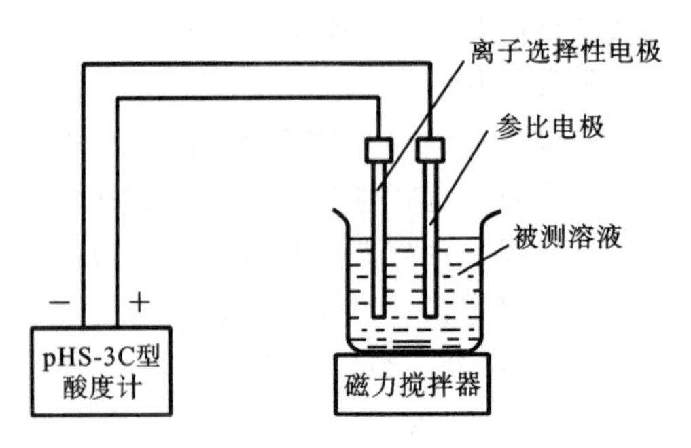

图 3.2.2　电极测试装置示意图

② 配制 0.1000 mol·L^{-1} KNO_3溶液和 0.1000 mol·L^{-1} NaCl 溶液各 500 mL。

(3) 土壤样品的处理。用台秤称取风干土壤样品约 10 g 置于干燥、洁净的 250 mL 烧杯中,加入 0.1%$Ca(Ac)_2$溶液约 100 mL,充分搅拌。静置后,取上层清液约 40 mL 置于干燥、洁净的 50 mL 烧杯中,待测。

(4) 从稀到浓测定各种浓度的标准溶液的 E 值。

(5) 测量 0.1000 mol·L^{-1}NaCl 溶液和 0.1000 mol·$L^{-1}$$KNO_3$溶液以及土壤样品溶液的 E 值。

(6) 洗净电极。氯离子选择性电极宜浸泡在蒸馏水中,长期不用时,要洗净放干,但再使用前需用蒸馏水充分浸泡、洗净,必要时可以重新抛光膜片表面。

五、数据处理

(1) 以标准溶液的 E 值为纵坐标,$\lg c_{Cl^-}$ 为横坐标作 E-$\lg c_{Cl^-}$ 图(即标准曲线)。

(2) 根据土壤样品溶液的 E_x值及标准曲线,求得土壤样品溶液中 NaCl 的浓度 c_x。

(3) 按下式计算干土壤样品中 NaCl 的含量:

$$w_{NaCl} = \frac{c_x V}{1000m} \times 100\%$$

式中:w_{NaCl}为干土壤样品中 NaCl 的质量分数;c_x为从标准曲线上查得的样品溶液中 NaCl 的含量,g·L^{-1};V 为所测定的上层清液的体积,mL;m 为土壤样品的质量,g。

(4) 根据式(3-2-9)计算 K_{Cl^-,NO_3^-}。

六、注意事项

(1) 氯离子选择性电极在使用前应先在 0.001 mol·L^{-1} KCl 溶液中活化 1 h,然后在蒸馏水中充分浸泡,必要时可重新抛光膜片表面。

(2) 应从稀到浓测定各种浓度标准溶液的 E 值。

七、思考题

(1) 在使用离子选择性电极测试时,为什么要调节溶液的离子强度?怎样调节?如何选择适当的离子强度调节液?

(2) 选择性系数 $K_{i,j}$的意义是什么?$K_{i,j}>1$ 或 $K_{i,j}=1$,分别说明什么问题?

实验3　表面活性剂CMC（临界胶束浓度）的几种测定方法——电导法测定十二烷基硫酸钠的CMC

一、实验目的

（1）了解表面活性剂临界胶束浓度的几种测定方法。

（2）了解表面活性剂的特性及胶束形成原理。

（3）采用电导法测定十二烷基硫酸钠的临界胶束浓度。

二、实验原理

（1）临界胶束浓度的形成。

表面活性剂是一类能够显著降低水的表面张力且具有两亲性质的有机化合物。表面活性剂进入水中，根据“相似相溶”规则，表面活性剂分子的极性部分倾向于留在水中，而非极性部分倾向于翘出水面或朝向非极性的有机溶剂中。

当表面活性剂在溶液中的浓度较小时，其部分分子将自动聚集到溶液表面，使溶液和空气的接触面减小，溶液的表面张力显著降低；另一部分分子则分散在溶液中，以单分子或简单聚集体的形式存在，如图3.3.1(a)所示。当表面活性剂的浓度足够大时，溶液表面会铺满一层定向排列的表面活性剂分子，形成饱和吸附，这时溶液的表面张力达到最小值，溶液内部则形成具有一定形状的小胶束，如图3.3.1(b)所示。继续增大表面活性剂的浓度，由于溶液表面已达到饱和吸附，只能使溶液内部胶束的数量增多，如图3.3.1(c)所示。在水溶液中开始形成胶束时的浓度称为该表面活性剂的临界胶束浓度，简称CMC，单位是 $mol \cdot L^{-1}$。

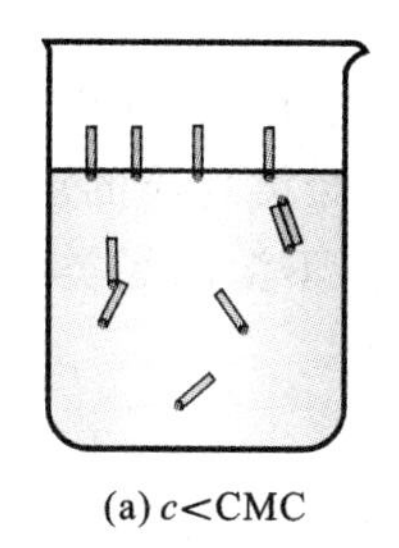
(a) c<CMC

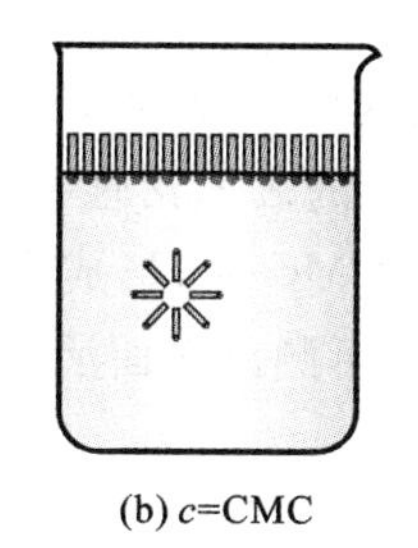
(b) c=CMC

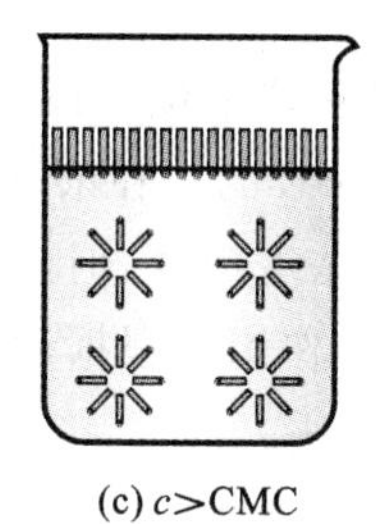
(c) c>CMC

图3.3.1　胶束形成示意图

CMC是衡量表面活性剂表面活性的一项重要指标。CMC越小，表明这种表面活性剂形成胶束所需的浓度越小，达到表面饱和吸附的浓度越小，因而改变表面性质起到润湿、乳化、增溶和起泡等作用所需的浓度越小。在CMC附近，表面活性剂溶液的许多物理化学性质与浓度的关系曲线都会出现明显转折，如表面张力、电导率、渗透压、去污能力等，见图3.3.2，这些现象是测定CMC的实验依据，也是表面活性剂的重要特性。因此，可以通过测定表面活性剂溶液中某一物理性质的变化来测定溶液的CMC。

（2）临界胶束浓度的几种测定方法。

CMC可以通过各种物理性质的突变来确定，采用的方法不同，测得的CMC也有些差别，因此一般所给出的CMC的值是一个范围。

① 电导法。

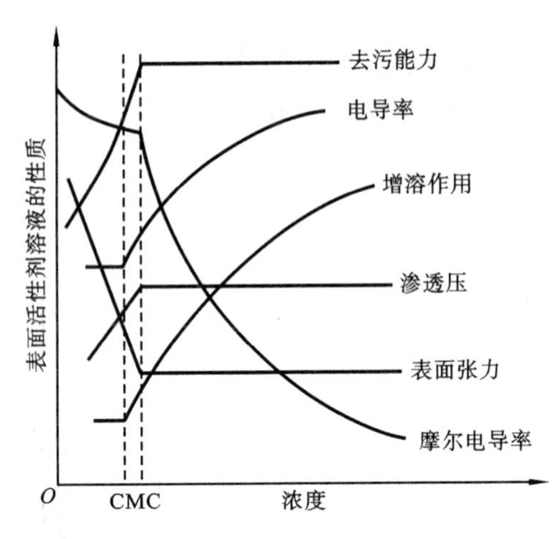

图 3.3.2　表面活性剂的性质与浓度的关系

电导法是测定 CMC 的经典方法，此法简便可靠，但仅限于离子型表面活性剂的测定。离子型表面活性剂溶液浓度很小时，其电导率的变化规律和强电解质一样，但当溶液浓度达到临界胶束浓度时，其电导率会发生突变。因此，可利用离子型表面活性剂溶液的电导率随浓度的变化，作出 κ-c 图，由曲线转折点求出 CMC。此法对于有较高活性的表面活性剂准确度高，但过量无机盐存在会降低测定灵敏度，因此配制溶液时应该用电导水或重蒸馏水。

② 表面张力法。

表面张力法也是测定 CMC 最常用的方法。表面活性剂溶液的表面活性随着溶液浓度的增大而显著降低，在 CMC 处发生转折。因此可用表面张力对表面活性剂溶液浓度作图，根据 γ-$\lg c$ 图的曲线转折点求 CMC。此法对离子型和非离子型表面活性剂均适用，且不受无机盐的干扰，对高表面活性和低表面活性的表面活性剂都具有相似的灵敏度。表面张力的测定方法有多种，如最大气泡法、毛细管法、圈环法、滴重法等。

③ 比色法。

比色法又称染料吸附法。该法是利用某些染料在水中和在胶束中的颜色有明显差别的性质测定的，实验时先在浓度大于 CMC 的表面活性剂溶液中加入很少的染料，染料溶于胶束中，呈现某种颜色。然后用水滴定稀释此溶液，直至溶液颜色发生显著变化，此时的浓度即为 CMC。

④ 浊度法。

浊度法又称增溶法。该法是利用表面活性剂对烃类物质的增溶作用，而引起溶液浊度的变化来测定 CMC 的。在浓度小于 CMC 的表面活性剂稀溶液中，烃类物质的溶解度很小，而且基本上不随浓度而变，但当浓度超过 CMC 后，形成大量胶束，使不溶的烃类物质溶于胶束中，即产生增溶作用。根据浊度的变化，可测出表面活性剂的 CMC。

⑤ 光散射法。

光散射法的原理是当光线通过表面活性剂溶液时，如果溶液中有胶束存在，则一部分光线将被胶束粒子散射，因此光线强度即浊度可反映溶液中表面活性剂胶束的形成。以溶液浊度对表面活性剂浓度作图，在达到 CMC 时，浊度将急剧上升，曲线转折点即为 CMC。

本实验采用电导法测定十二烷基硫酸钠的 CMC。

三、仪器与试剂

电导率仪 1 台；电子天平 2 台；恒温水浴装置 1 套；50 mL 容量瓶 10 个；50 mL 试管 2 支。

十二烷基硫酸钠(A. R.)。

四、实验步骤

(1) 打开电导率仪，预热。调节恒温水浴的温度至 25 ℃。

(2) 取十二烷基硫酸钠，在 80 ℃烘 3 h，用电导水或重蒸馏水准确配制 0.002 mol · L^{-1}、

0.004 mol·L^{-1}、0.006 mol·L^{-1}、0.008 mol·L^{-1}、0.010 mol·L^{-1}、0.012 mol·L^{-1}、0.014 mol·L^{-1}、0.016 mol·L^{-1}、0.018 mol·L^{-1}、0.020 mol·L^{-1}的十二烷基硫酸钠溶液各50 mL。

(3) 用电导率仪从稀到浓分别测定上述各溶液的电导率值。用被测溶液荡洗试管及电极3次以上，再将注入被测溶液的电导池放入恒温水槽中，恒温10 min后，测定电导率。

(4) 实验结束，关闭电源，将电极用蒸馏水淋洗干净，浸泡在蒸馏水中保存。

五、数据处理

(1) 数据处理。

① 将实验数据记录在表3.3.1中。

表3.3.1　电导法测定十二烷基硫酸钠溶液CMC数据

温度________℃　电导池常数________ cm^{-1}

c/(mol·L^{-1})	0.002	0.004	0.006	0.008	0.010	0.012	0.014	0.016	0.018	0.020
κ/(S·cm^{-1})										

② 根据表3.3.1的数据，以浓度为横坐标，电导率为纵坐标作图，画出曲线的延长线，其交点处对应的浓度即为CMC。

(2) 讨论。

① 除了电导法，还可采用哪些方法测定十二烷基硫酸钠溶液的CMC?

② 配制十二烷基硫酸钠溶液时会产生大量泡沫，给溶液的定容带来一定难度。可否对此配制方式进行合理的改进?

③ 分析各种CMC测定方法的特点及适用范围。

实验4　牛奶中酪蛋白和乳糖的分离及检测

一、实验目的

(1) 掌握调节pH值分离牛奶中酪蛋白和乳糖的方法。

(2) 熟悉酪蛋白和乳糖的鉴定方法。

(3) 熟练掌握旋光仪的使用以及抽滤和浓缩等技术。

二、实验原理

牛奶是一种均匀稳定的悬浮状和乳浊状的胶体性液体，牛奶主要由水、脂肪、蛋白质、乳糖和盐组成。酪蛋白是牛奶中的主要蛋白质，是含磷蛋白质的复杂混合物。蛋白质是两性化合物，当调节牛奶的pH值，使其达到酪蛋白的等电点(pI=4.8)时，蛋白质所带正、负电荷相等，呈电中性，此时酪蛋白的溶解度最小，会从牛奶中沉淀出来，以此可分离酪蛋白。因酪蛋白不溶于乙醇和乙醚，可用此两种溶剂除去酪蛋白中的脂肪，牛奶中酪蛋白的含量约为3.4%。

蛋白质分子中有肽键，其结构与双缩脲相似，在碱性环境中能与Cu^{2+}结合生成紫红色化合物，该方法可用于蛋白质的定性或定量测定。酪氨酸中含有苯环结构，遇硝酸后，可被硝化成黄色物质，该化合物在碱性溶液中进一步形成橙黄色的硝醌酸钠。多数蛋白质分子含有带苯环的氨基酸,所以有黄色反应。几个主要的酪蛋白组分可通过电泳予以区别,主要有α-酪蛋白(约占75%)、β-酪蛋白(约占22%)、γ-酪蛋白(约占3%)和κ-酪蛋白,各类酪蛋白单体的相对分子质量为20000~30000,并都含有磷,单体间易发生聚合。

牛奶中的糖主要是乳糖。乳糖是一种二糖,它是唯一由哺乳动物合成的糖,它是在乳腺中合成的。乳糖是成长中的婴儿建立其发育中的脑干等神经组织所需的物质。乳糖也是不溶于乙醇的,所以当乙醇混入水溶液中时乳糖会结晶出来,从而达到分离的目的。

乳糖是由D-半乳糖分子C上的半缩醛羟基和D-葡萄糖分子C(4)上的醇羟基脱水通过β-1,4苷键连接而成的。乳糖是还原性糖,绝大部分以α-乳糖和β-乳糖两种同分异构体形态存在,α-乳糖的比旋光度$[\alpha]_D^{20}=+86°$,β-乳糖的比旋光度$[\alpha]_D^{20}=+35°$,水溶液中两种乳糖可互相转变,因此水溶液有变旋光现象。牛奶中乳糖的含量为4%~6%。20 ℃时乳糖的溶解度为16.1%。

三、仪器与试剂

旋光仪1台;恒温水浴装置1套;抽滤装置1套;离心机1台;25 mL容量瓶2个;100 mL、250 mL、500 mL烧杯各1个;250 mL锥形瓶1个;温度计1支;蒸发皿1个;滤纸若干;精密pH试纸(pH=3~5)。

牛奶(购自超市);95%乙醇(A. R.);乙醚(A. R.);碳酸钙(A. R.);硫酸铜(A. R.);酒石酸钾钠(A. R.);氢氧化钠(A. R.);碘化钾(A. R.);冰乙酸(A. R.);浓硝酸;氨水。

四、实验步骤

(1) 牛奶中酪蛋白的分离。

① 取100 mL新鲜牛奶,在恒温水浴中加热至40 ℃,边搅拌边慢慢加入10%乙酸溶液,用精密pH试纸测定其pH值,使其为4.8,放置冷却、澄清后,抽滤。(由于抽滤速度过慢,可先拿出离心,收集离心之后的固体部分和液体部分,分别再抽滤,过滤速度加快。)将滤液中加入少量粉状碳酸钙后留作乳糖的分离用。加碳酸钙的目的是中和溶液的酸性,防止加热时乳糖水解,又能使乳白蛋白沉淀。依次用乙醇、乙醇和乙醚的等体积混合溶液洗涤酪蛋白,去除脂肪,待酪蛋白充分干燥后称量其质量,并计算牛奶中酪蛋白的含量。

② 再取30 mL牛奶,将温度改至45 ℃,其他条件不变,重复①的操作,测定牛奶中酪蛋白的含量。

(2) 牛奶中乳糖的分离。

① 将(1)①中加入碳酸钙的滤液置于蒸发皿中,用蒸气浴浓缩至约15 mL,稍冷后,在溶液中加入约90 mL 95%乙醇,再加热,使其混合均匀,趁热过滤,此时滤液不是特别澄清。将滤液移至锥形瓶中,加塞,放置1~2天,让乳糖充分结晶,过滤分离出乳糖晶体。用冷的95%乙醇洗涤结晶,干燥后称重,计算其含量。

② 将(1)②中得到的滤液也作上述处理,得到乳糖,计算其含量。

(3) 酪蛋白的鉴定。

① 双缩脲反应:将少量酪蛋白溶解于水中,在双缩脲试剂中溶液呈现紫色。

双缩脲试剂的配制:取1.5 g硫酸铜和6.0 g酒石酸钾钠,溶解于500 mL蒸馏水中,搅拌下加入300 mL 10% NaOH溶液(可另加1 g KI以防止Cu^{2+}自动还原成氧化亚铜沉淀),用水定容至1000 mL。此试剂可长期保存,若有黑色沉淀需重配。

② 蛋黄颜色反应：在试管中加入蛋白质溶液约 2 mL、浓硝酸 0.5 mL，振荡，加热煮沸，溶液和沉淀都变为黄色。冷却后加入过量氨水或 20%NaOH 溶液，黄色变成棕色。再酸化，又变成黄色。

这两个实验说明制得的是酪蛋白。

(4) 乳糖的变旋光测定。

精确称取 1.25 g 得到的乳糖，待旋光仪预热后，快速配成 25 mL 水溶液，装入旋光管中，迅速测定其旋光度，每隔 1 min 测定一次。如果溶液即使经过滤后仍不澄清，无法测量其旋光度，则可以另精确称取 1.25 g 分析纯乳糖，快速配成 25 mL 溶液，搅拌约 5 min 后，溶液基本澄清，加入旋光仪中，每隔 1 min 测定其旋光度，列于表 3.4.1 中。

在剩下的乳糖水溶液中加入 2 滴氨水，摇匀，静置 20 min 后测定其旋光度，计算乳糖的比旋光度。

表 3.4.1　旋光度测定

t/min	1	2	3	4	5	6	7	8
α								
t/min	9	10	11	12	13	14	15	16
α								
t/min	17	18	19	20	21	22	23	24
α								

五、数据处理

(1) 根据所得结果计算酪蛋白和乳糖的含量。

(2) 根据乳糖的旋光度值计算乳糖的比旋光度。

六、注意事项

(1) 由于本法是应用等电点沉淀法来制备蛋白质的，故调节牛奶的等电点一定要准确。最好用酸度计测定。

(2) 进行乳糖分离时一定要趁热过滤，防止乳糖结晶。

(3) 每次测量旋光度时，要记下准确的对应时间。

(4) 实验完毕后，清洗旋光管，并用蒸馏水浸泡。

七、思考题

(1) 根据酪蛋白的什么性质可从牛奶中分离酪蛋白？

(2) 如何用化学方法鉴别乳糖和半乳糖？

实验 5　药物有效期的测定

一、实验目的

(1) 应用化学动力学的原理和方法，采用加速实验法测量不同温度下药物的反应速率，根据阿仑尼乌斯公式,计算药物在常温下的有效期。

(2) 掌握分光光度计的测量原理及应用。

二、实验原理

四环素在酸性溶液中(pH<6),特别是在加热情况下易产生脱水四环素:

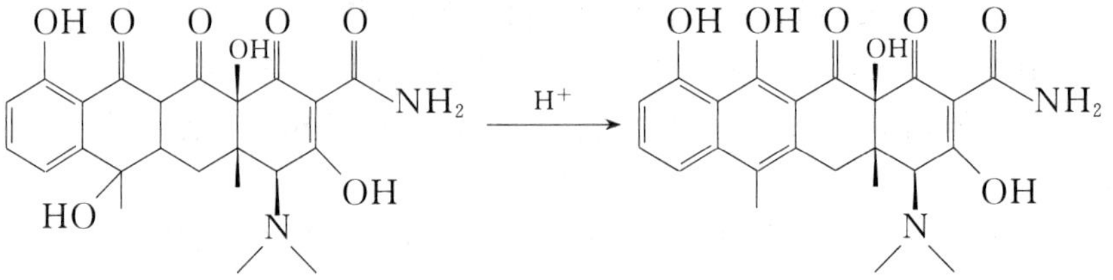

四环素　　$\xrightarrow{H^+}$　　脱水四环素

由于在脱水四环素分子中,共轭双键的数目增多,因此其色泽加深,对光的吸收程度也较大。脱水四环素在 445 nm 处有最大吸收。

四环素在酸性溶液中变成脱水四环素的反应,在一定时间范围内属于一级反应。生成的脱水四环素在酸性溶液中呈橙黄色,其吸光度 A 与脱水四环素的浓度成正比。这一颜色反应可用来测定四环素在酸性溶液中变成脱水四环素的动力学性质。

按一级反应动力学方程式:

$$\ln \frac{c_0}{c} = kt \tag{3-5-1}$$

则

$$k = \frac{1}{t}\ln \frac{c_0}{c} \tag{3-5-2}$$

式中:c_0 为 $t=0$ 时反应物的浓度,$mol \cdot L^{-1}$;c 为反应到时间 t 时反应物的浓度,$mol \cdot L^{-1}$。

设 x 为经过 t 时间后消耗掉反应物对应的浓度,因此,有 $c=c_0-x$,代入式(3-5-2)可得

$$\ln \frac{c_0 - x}{c_0} = - kt \tag{3-5-3}$$

根据朗伯-比尔(Lambert-Beer)定律,在酸性条件下,测定溶液吸光度的变化,用 A_∞ 表示四环素完全脱水变成脱水四环素的吸光度,A_t 代表在时间 t 时部分四环素变成脱水四环素的吸光度,则可用 A_∞ 代替式(3-5-3)中的 c_0,$A_\infty-A_t$ 代替 c_0-x,即

$$\ln \frac{A_\infty - A_t}{A_\infty} = - kt \tag{3-5-4}$$

根据以上原理,以 $\ln(A_\infty-A_t)$ 对 t 作图,得一直线,从直线斜率可求出反应速率常数 k。实验可在不同温度下进行,测得不同温度下的反应速率常数 k 值,依据阿仑尼乌斯公式,用 $\ln k$ 对 $\frac{1}{T}$ 作图,得一直线,在直线上找出对应于 25 ℃时 $\ln k$ 的值。还可根据以下公式计算出药物的有效期:

$$t_{0.9} = \frac{\ln \frac{1}{0.9}}{k_{25\,℃}} = \frac{0.1054}{k_{25\,℃}} \tag{3-5-5}$$

式中:$t_{0.9}$ 表示药物的有效期,指药物消耗 10% 所需要的时间;$k_{25\,℃}$ 表示 25 ℃时的反应速率常数。

三、仪器与试剂

恒温水浴装置 4 套；分光光度计 1 台；分析天平 1 台；秒表 1 块；50 mL 磨口锥形瓶 22 个；15 mL 移液管 2 支；500 mL 容量瓶 2 个。

盐酸四环素；盐酸(A. R.)。

四、实验步骤

(1) 溶液配制。先用稀 HCl 调蒸馏水为 pH＝6，待用。然后称取盐酸四环素 500 mg，用 pH＝6 的蒸馏水配成 500 mL 溶液(使用时取上清液)。

(2) 将配好的溶液用 15 mL 移液管分装入 50 mL 磨口锥形瓶内，塞好瓶口。

(3) 在 80 ℃恒温的磨口锥形瓶，每隔 25 min 取 1 个；在 85 ℃恒温的磨口锥形瓶，每隔 20 min取 1 个；在 90 ℃、95 ℃恒温的磨口锥形瓶，每隔 10 min 取 1 个，用冰水迅速冷却。然后用分光光度计于 445 nm 波长处测其吸光度 A_t，用配制的原液作空白溶液。

(4) 将一个装有原液的锥形瓶放入 100 ℃水浴中，恒温 1 h，取出，冷却至室温，用分光光度计于 445 nm 波长处测 A_∞。

五、数据处理

(1) 将数据记录于表 3.5.1 中。

(2) 依据式(3-5-4)，求出各温度下的反应速率常数 k 值，并填入表 3.5.2 中。

(3) 用 $\ln k$ 对 $\frac{1}{T}$ 作图，将直线外推至 $\frac{1}{T}=\frac{1}{298.15}$ 即 25 ℃处，求出 25 ℃时的 k 值，填入表 3.5.2 中，再根据式(3-5-5)，求出 25 ℃时药物的有效期。

(4) 严格控制恒温时间，按时取出样品。取出样品时，要迅速放入冰水中冷却以终止反应。

(5) 测定溶液吸光度时，应注意防止比色皿由于溶液过冷而结雾，影响测定。

表 3.5.1 不同温度下样品的吸光度

室温_________℃ 大气压_________kPa

80 ℃		85 ℃		90 ℃		95 ℃	
t/min	A_t	t/min	A_t	t/min	A_t	t/min	A_t

表 3.5.2 不同温度下反应的 k 值

t/℃	80	85	90	95
$1/T$				
k				
$\ln k$				

第四章　设计性实验

实验 1　难溶盐溶度积的测定

一、实验目的

（1）用电池电动势及电导法测定难溶盐 AgCl 的溶度积。

（2）熟练掌握电位差计及电导率仪的使用方法，提高独立工作的能力。

二、设计提示

（1）用电池电动势法测定难溶盐溶度积的原理。

用电池电动势法测定难溶盐的溶度积，首先需要设计相应的原电池，使电池反应（就是该难溶盐的溶解反应），例如：如果要测定 AgCl 的溶度积，可设计如下电池：

$$\mathrm{Ag(s)\mid Ag^{+}(a_{Ag^{+}})\parallel Cl^{-}(a_{Cl^{-}})\mid AgCl(s)+Ag(s)}$$

负极反应：

$$\mathrm{Ag(s)\longrightarrow Ag^{+}(a_{Ag^{+}})+e^{-}}$$

正极反应：

$$\mathrm{AgCl(s)+e^{-}\longrightarrow Ag(s)+Cl^{-}(a_{Cl^{-}})}$$

电池总反应：

$$\mathrm{AgCl(s)\longrightarrow Ag(s)+Cl^{-}(a_{Cl^{-}})}$$

根据能斯特方程：

$$E=E^{\ominus}-\frac{RT}{zF}\ln(a_{\mathrm{Ag^{+}}}a_{\mathrm{Cl^{-}}}) \tag{4-1-1}$$

将 $E^{\ominus}=\frac{RT}{zF}\ln K_{\mathrm{sp}}$ 代入式(4-1-1)中，整理得

$$\ln K_{\mathrm{sp}}=\frac{zEF}{RT}+\ln(a_{\mathrm{Ag^{+}}}a_{\mathrm{Cl^{-}}}) \tag{4-1-2}$$

若已知银离子和氯离子的活度（可由所配制溶液的浓度和 $\gamma_{\pm}$ 值计算得到），测定电池的电动势 E 值，就能求出氯化银的溶度积。

（2）用电导法测定难溶盐溶度积的原理。

难溶盐饱和溶液的浓度极稀，可认为 $\Lambda_{\mathrm{m}}\approx\Lambda_{\mathrm{m}}^{\infty}$，$\Lambda_{\mathrm{m}}^{\infty}$ 的值可由离子的无限稀释摩尔电导率相加而得到。

运用摩尔电导率的公式可以求得难溶盐饱和溶液的浓度。

$$\Lambda_{\mathrm{m},盐}^{\infty}=\kappa_{盐}/c$$

$\Lambda_{\mathrm{m}}^{\infty}$ 可由手册数据求得，κ 可以通过测定溶液电导 G 求得，c 便可从上式求得。

电导率 κ 与电导 G 的关系为

$$\kappa=G\frac{l}{A}=K_{\mathrm{cell}}G$$

其中，K_{cell}为电导池常数，$K_{cell}=l/A$。

必须指出的是：难溶盐本身的电导率很小，这时水的电导率就不能忽略，所以有

$$\kappa_{盐}=\kappa_{溶液}-\kappa_{水}$$

因此，测定溶液的 κ 之后，还需要测定配制溶液所用水的电导率 $\kappa_{水}$，才能求得 $\kappa_{盐}$。

三、实验要求

(1) 写出测定某难溶盐溶度积的基本原理、实验仪器和试剂，拟出实验步骤。

(2) 提交教师审查。

(3) 独立动手完成实验，写出实验报告。

(4) 对实验结果进行简单的分析和讨论。

实验 2　电导法测定电解质的摩尔电导率与浓度的关系

一、实验目的

(1) 测定强电解质溶液的电导率，绘制摩尔电导率与浓度的关系图。

(2) 测定弱电解质的电导率，计算其解离平衡常数。

二、设计提示

电解质溶液是第二类导体，它通过正、负离子的迁移来传递电流，其导电能力直接与离子的迁移速度有关。衡量电解质溶液的导电能力的物理量为电导，用符号 G 表示，单位为西门子，用符号 S 表示，$1\ \mathrm{S}=1\ \Omega^{-1}$。电导是电阻的倒数。当温度一定时，电导与电极间的距离成反比，与电极的横截面积成正比。当电导池形状不变时，l/A 是个常数，称之为电导池常数，用符号 K_{cell}表示。它们的关系式为

$$G=\frac{1}{R}=\kappa\frac{A}{l}=\frac{\kappa}{K_{cell}} \tag{4-2-1}$$

式中：l 为电极间的距离，m；A 为极板的横截面积，$\mathrm{m^2}$；K_{cell}为电导池常数，$K_{cell}=l/A$，$\mathrm{m^{-1}}$；κ 为电导率，$\mathrm{S\cdot m^{-1}}$。

电解质溶液电导率 κ 是指单位面积的两极板，其距离为单位长度时的电导，或者说，它是 $1\ \mathrm{m^3}$ 电解质溶液的电导。电解质溶液的电导率 κ 与温度、浓度有关，在一定的温度下，电解质溶液的电导率 κ 随浓度而改变。为了比较不同浓度、不同类型的电解质溶液的电导率，引入了摩尔电导率的概念。

在相距 1 m 的两个平行板电极之间，放置含有 1 mol 某电解质的溶液，此时的电导率为该溶液的摩尔电导率，用符号 Λ_m表示，单位为 $\mathrm{S\cdot m^2\cdot mol^{-1}}$，它代表 1 mol 电解质的导电能力。它们的关系式为

$$\Lambda_m=\frac{\kappa}{c} \tag{4-2-2}$$

式中：c 为电解质溶液的浓度，$\mathrm{mol\cdot m^{-3}}$。

测得一定浓度 c 的电解质溶液的电导率 κ，即可根据公式(4-2-2)计算出溶液的摩尔电导率 Λ_m。图 4.2.1 为几种电解质摩尔电导率对浓度平方根的关系图。

由图 4.2.1 可见，无论是强电解质还是弱电解质，摩尔电导率均随溶液的稀释而增大。

(1) 强电解质(HCl、NaAc、$AgNO_3$、NaOH 等)的摩尔电导率。

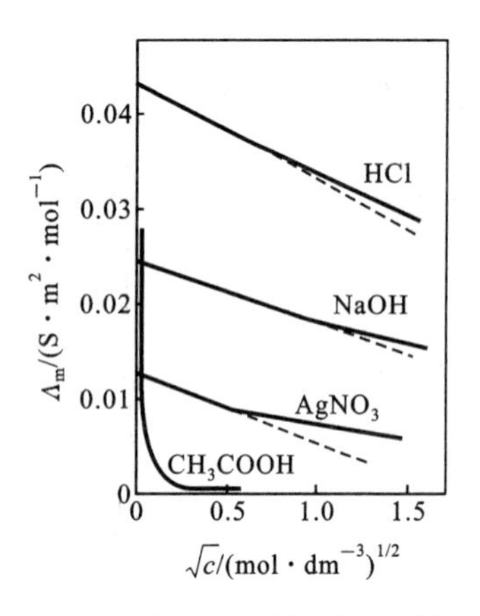

图 4.2.1 几种电解质摩尔电导率对浓度平方根的关系图

解离度 α 恒等于 1,摩尔电导率 Λ_m 只取决于离子的迁移率。随着浓度的降低,离子之间的静电引力减小,离子移动速率增加,使摩尔电导率 Λ_m 增大。科尔劳乌施(Kohlrausch)进一步研究发现,在较低的浓度范围内,所有强电解质的 Λ_m 与 $\sqrt{c}$ 都近似呈直线关系,将直线外推至纵坐标,所得截距即为无限稀释时的摩尔电导率,也称为极限摩尔电导率 Λ_m^∞。用公式表示为

$$\Lambda_m = \Lambda_m^\infty - A\sqrt{c} \tag{4-2-3}$$

式中:A 为经验常数。

由图 4.2.1 可见,弱电解质溶液(如 CH_3COOH 溶液)无限稀释时的摩尔电导率无法用外推法求得,故公式(4-2-3)不适用于弱电解质。

(2) 弱电解质(HAc 等)的摩尔电导率。

电解质溶液是靠正、负离子的迁移来传递电流的。而在弱电解质溶液中,只有已解离部分才能承担传递电量的任务。在无限稀释的溶液中,可认为弱电解质已全部解离,此时溶液的摩尔电导率为极限摩尔电导率,而一定浓度下的摩尔电导率 Λ_m 与无限稀释的溶液中的摩尔电导率 Λ_m^∞ 是有差别的。这是由两个因素造成的:一是电解质溶液的不完全解离;二是离子间存在着相互作用力。对弱电解质来说,可以认为它的解离度 α 等于溶液在浓度为 c 时的摩尔电导率 Λ_m 和无限稀释时的摩尔电导率 Λ_m^∞ 之比,即

$$\alpha = \frac{\Lambda_m}{\Lambda_m^\infty} \tag{4-2-4}$$

AB 型弱电解质在溶液中解离达到平衡时,解离平衡常数 $K_c^\ominus$、浓度 c 和解离度 α 有以下关系:

$$K_c^\ominus = \frac{\frac{c}{c^\ominus}\alpha^2}{1-\alpha} \tag{4-2-5}$$

$$K_c^\ominus = \frac{\Lambda_m^2}{\Lambda_m^\infty(\Lambda_m^\infty - \Lambda_m)}\frac{c}{c^\ominus} \tag{4-2-6}$$

式中:$c^\ominus = 1\ mol\cdot L^{-1}$。

根据离子独立运动定律,可以将离子无限稀释时的摩尔电导率 Λ_m^∞ 计算出来,$\Lambda_m^\infty = \Lambda_{m,+}^\infty + \Lambda_{m,-}^\infty$,$\Lambda_{m,+}^\infty$ 和 $\Lambda_{m,-}^\infty$ 可从手册中查得,Λ_m 则可以从测定的电导率 κ 求得,然后算出 K_c。

本实验应用电导率仪测定电解质溶液的电导率 κ。因乙酸是弱电解质,实验测得的乙酸溶液的电导率为乙酸和水的电导率之和,因此,$\kappa_{HAc} = \kappa_{溶液} - \kappa_{H_2O}$。

三、实验要求

(1) 写出测定电解质摩尔电导率的基本原理、实验仪器和试剂,拟出实验步骤。

(2) 提交教师审查。

(3) 独立动手完成实验,写出实验报告。

(4) 对实验结果进行简单的分析和讨论。

第五章　实验技术

第一节　温度的测量

一、温度与温标

温度是表述宏观物质体系状态的一个基本物理参量。物体内部分子、原子平均动能的增加或减少，表现为物体温度的升高或降低，因此准确测量和控制温度，在科学实验中十分重要。

温标是温度量值的表示方法。确立一种温标，应包括：选择测温仪器、确定固定点以及对分度方法加以规定。下面介绍三种最常用的温标。

(1) 热力学温标。

热力学温标亦称开尔文(Kelvin)温标。它是建立在卡诺(Carnot)循环基础上的，与测温物质性质无关，通常也称为绝对温标，以开(K)表示。理想气体在定容下的压力或定压下的体积与热力学温度呈严格的线性函数关系，因此可以选定气体温度计来实现热力学温标的表达。氦、氢、氮等气体在温度较高、压力不太大的条件下，其行为接近于理想气体。因此，这种气体温度计的读数可以校正成热力学温度。原则上，其他温度计都可以用气体温度计来标定(或称为温度的校正)，使温度计校正后的读数与热力学温标相一致。

(2) 摄氏温标。

摄氏温标以水银-玻璃温度计来测定水的相变点，规定在标准压力下，水的凝固点为 0 ℃，沸点为 100 ℃，这两点之间划分为 100 等份，每等份代表 1 个单位，以 ℃表示。热力学温标与摄氏温标之间只相差一个常数。若摄氏温度用符号 t 表示，单位为摄氏度(℃)，则 $t = T - 273.15$。

(3) 国际实用温标。

由于气体温度计的装置十分复杂，使用不便，因此长期以来各国科学家一直在探索一种实用性温标，它要易于使用，有高度的重现性，还要非常接近热力学温标。最早建立的国际温标是 1927 年第七届国际计量大会提出并采用的(简称 ITS—27)。经过几次重大修改，现在采用的国际实用温标为 ITS—90。国际实用温标规定：热力学温度符号 T，单位开尔文(K)，1 K 等于水的三相点热力学温度的 1/273.16。

二、温度计

温度计的种类有很多，一般情况下可以按不同使用目的，选择适合的类型。

(1) 水银温度计。

水银温度计一般的使用范围为 −35～360 ℃(水银的熔点是 −38.862 ℃，沸点是 356.66 ℃)，如果采用石英玻璃，并充以 80×10^{5} Pa 的氮气，则可将测量上限温度提高至 800 ℃。高温水银温度计的顶部有一个安全泡，防止毛细管内的气体压力过大而引起贮液泡的破裂。常用的水银温度计刻度间隔有 2 ℃、1 ℃、0.5 ℃、0.2 ℃、0.1 ℃等，与温度计的量程范围有关,可根据测量精密度选用。

① 常见水银温度计的种类。

(a) 一般用途水银温度计量程有−5～105 ℃、0～150 ℃、0～250 ℃、0～360 ℃等。每分度为1 ℃或0.5 ℃。

(b) 量热专用水银温度计量程有9～15 ℃、12～18 ℃、15～21 ℃、18～24 ℃、20～30 ℃等,每分度为0.01 ℃。目前广泛应用的是间隔为1 ℃的量热温度计。

(c) 分段温度计。从−10 ℃到200 ℃,共有24支。每支温度计的使用范围为10 ℃,每分度为0.1 ℃,另外有−40 ℃到400 ℃,每隔50 ℃ 1支,每分度为0.1 ℃。

② 水银温度计的使用。

由于材料不同,热膨胀系数也不同,所有温度计在不同的温度下工作时,其体积的改变将使读数与真实值有差异。在精确的测量过程中,有必要对温度计的测量数值进行校正。对水银温度计来说,主要校正以下三方面。

(a) 零位校正。

在用温度计进行温度测量时,由于水银与玻璃的膨胀系数并非呈严格的线性关系,因此若要准确地测量温度,则必须在使用前对温度计进行零位测定。检定零位的恒温器称为冰点器,其容器为真空杜瓦瓶,起绝热保温作用。在容器中盛以冰水混合物,但应注意冰中不能有任何盐类存在,否则会降低冰点。对冰、水的纯度应予以特别注意,冰融化后水的电导率不应超过10×10^{-3} S·m^{-1}(20 ℃)。得到零位变化值后,应依此对原检定证书上的分度修正值作相应修正。

(b) 露茎校正。

水银温度计有全浸式和非全浸式两种。非全浸式水银温度计常刻有校正时浸入量的刻度,在使用时若室温和浸入量均与校正时一致,则所示温度是正确的。

全浸式水银温度计使用时应当全部浸入被测体系中,如图5.1.1所示,达到热平衡后才能读数。全浸式水银温度计如不能全部浸没在被测体系中,则因露出部分与体系温度不同,必然存在读数误差,因此必须进行校正,这种校正称为露茎校正,如图5.1.2所示。校正公式为

$$\Delta t = \frac{kn}{1-kn}(t_{测} - t_{环})$$

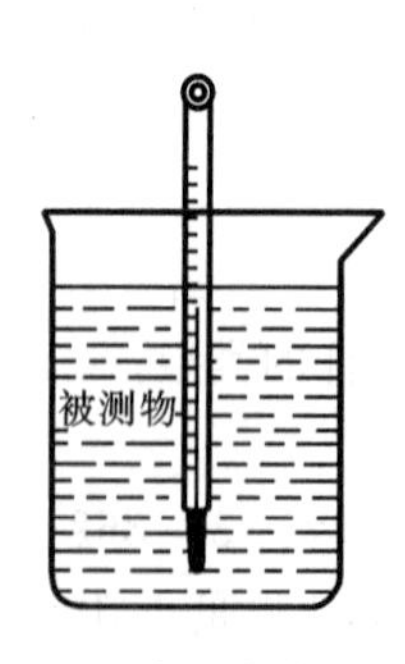

图 5.1.1　全浸式水银温度计

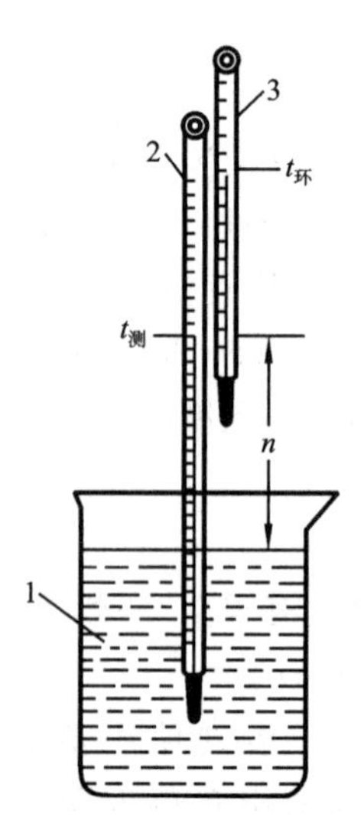

图 5.1.2　温度计露茎校正

1—被测体系;2—测量温度计;3—辅助温度计

式中：Δt 为读数校正值，$\Delta t = t_{实} - t_{测}$；$t_{实}$ 为温度的正确值；$t_{测}$ 为温度计的读数值；$t_{环}$ 为露出待测体系外水银柱的有效温度（从放置在露出一半位置处的另一支辅助温度计读出）；n 为露出待测体系外部的水银柱长度，称为露茎高度，以温度差值表示。k 为水银相对于玻璃的膨胀系数，使用摄氏度时，$k=0.00016$，上式中 $kn \ll 1$，所以 $\Delta t \approx kn(t_{测} - t_{环})$，而 $t_{实} = t_{测} + \Delta t$。

③ 读数校正。

以标准水银温度计为标准，与待校正的温度计同时测定某一体系的温度，将对应值一一记录，作出校正曲线。

(2) 贝克曼温度计。

贝克曼温度计（见图 5.1.3）是一种用来精密测量体系始态和终态温度变化的水银温度计，有升高和降低两种类型。测量范围为 −6～120 ℃，最小刻度为 0.01 ℃，测量精密度较高；还有一种最小刻度为 0.002 ℃，可以估计读准到 0.0004 ℃。一般只有 5 ℃量程，其结构与普通温度计不同，在它的毛细管 2 上端，加装了一个水银储槽 4，用来调节水银球 1 中的水银量。因此虽然量程只有 5 ℃，却可以在不同范围内使用。

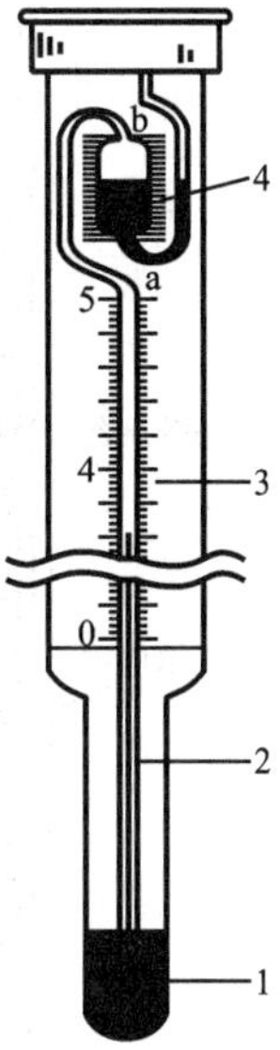

由于水银球 1 中的水银量是可变的，因此水银柱的刻度值不是温度的绝对值，只是在量程范围内的温度变化值。贝克曼温度计的使用方法分为恒温浴调节法和标尺读数法。

恒温浴调节法的步骤如下。

① 首先确定所使用的温度范围。例如：测量水溶液凝固点的降低时需要能读出 −5～1 ℃之间的温度读数；测量水溶液沸点的升高时则希望能读出 99～105 ℃的温度读数；至于燃烧热的测定，则室温时水银柱示值在 2～3 ℃最为适宜。

图 5.1.3 贝克曼温度计

1—水银球；2—毛细管；3—温度标尺；4—水银储槽；a—最高刻度；b—毛细管末端

② 根据使用范围，估计当水银柱升至毛细管末端弯头处的温度值。一般的贝克曼温度计，水银柱由刻度最高处上升至毛细管末端还需要升高 2 ℃，因此要根据这个估计值来调节水银球中的水银量。例如测定水的凝固点降低值时，最高温度读数拟调节至 1 ℃，那么毛细管末端弯头处的温度应相当于 3 ℃。

③ 另用一恒温浴，将其调至毛细管末端弯头所应达到的温度，把贝克曼温度计置于该恒温浴中，恒温至 5 ℃以上。

④ 取出温度计，用右手紧握它的中部，使其近乎竖直，用左手轻击右手小臂。这时水银即可在弯头处断开。温度计从恒温浴中取出后，由于温度差异，水银体积会迅速变化，因此，这一调节步骤要求迅速、轻巧，但不必慌乱，以免造成失误。

⑤ 将调节好的温度计置于预测温度的恒温浴中，观察其读数值，并估计量程是否符合要求。例如凝固点降低法测摩尔质量的实验中，可用 0 ℃的冰水浴予以检验，如果温度值落在 3～5 ℃处，意味着量程合适。若偏差过大，则应按上述步骤重新调节。

目前，代替贝克曼温度计用来测量微小温度差的仪器是精密温差测量仪。常见型号的主要技术指标为：准确度±(0.001～0.02) ℃，测量温差的范围 −20～80 ℃。

(3) 电阻温度计。

大多数金属导体的电阻值都随着温度的增高而增大。一般来说，温度每升高 1 ℃，电阻值增加 0.4%～0.6%。半导体材料则具有负的温度系数，其值(以 20 ℃为参考点)为温度每升高 1 ℃，电阻值降低 2%～6%。利用金属导体和半导体电阻的温度函数关系制成的传感器，称为电阻温度计。目前，按感温元件的材料来分有金属导体和半导体两大类。目前大量使用的金属导体材料为铂、铜和镍。铂制成的为铂电阻温度计，铜制成的为铜电阻温度计，都属于定型产品。半导体有锗、碳以及一些氧化物等。它们的结构见图 5.1.4、图5.1.5。

电阻温度计测温示意图见图 5.1.6。

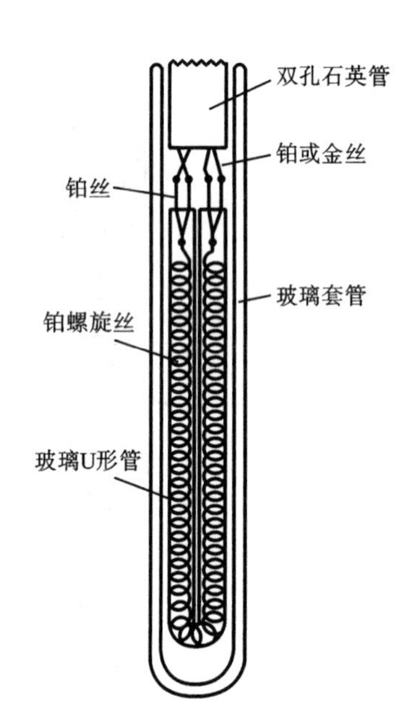

图 5.1.4　热敏电阻测温示意图

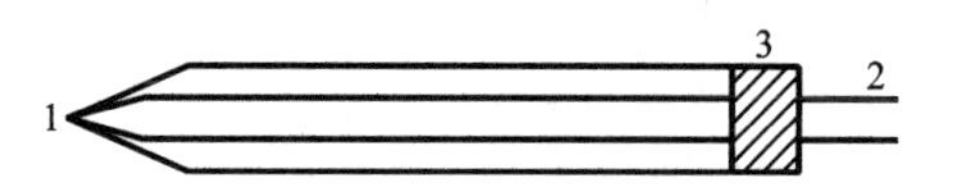

图 5.1.5　珠形热敏电阻器示意图

1—用热敏材料制作的热敏元；2—引线；3—壳体

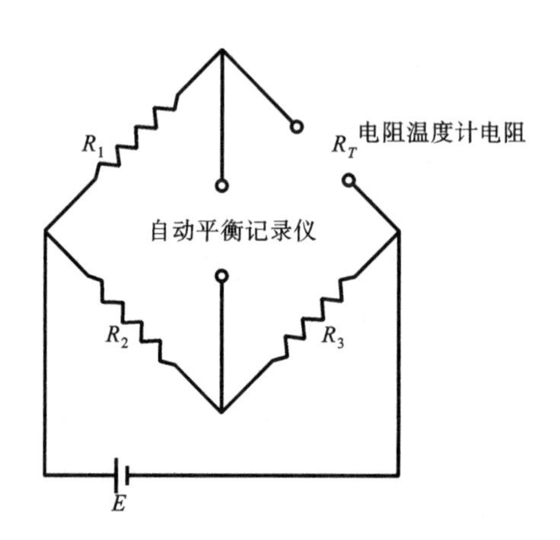

图 5.1.6　电阻温度计测温示意图

(4) 热电偶温度计。

热电偶是目前工业测温中最常用的传感器，它具有以下优点：结构简单，使用及维修方便，可作为自动控温检测器等；测温点小，准确度高，反应速度快；品种规格多，测温范围广，在 －270～2800 ℃范围内有相应产品可供选用。

① 热电偶的测温原理。

两种金属导体 A 和 B 连接在一起构成一个闭合回路，如图 5.1.7 所示，如果两个连接点温度不同(如 $t>t_0$)，就会产生一个电位差 $E_{AB(t,t_0)}$，称为热电动势，这个现象称为热电效应。在热电偶回路中所产生的热电动势由两部分组成：接触电势和温差电势。当两种不同导体 A 和 B 接触时，由于两者电子密度不同(如 $N_A>N_B$)，电子在两个方向上扩散的速率就不同，从 A 到 B 的电子数要比从 B 到 A 的多，结果 A 因失去电子而带正电荷，B 因得到电子而带负电荷，在 A、B 的接触面上便形成一个从 A 到 B 的静电场 E，这样在 A、B 之间也形成一个电位差 E_A-E_B，即为接触电势。两种温差电势是在同一导体的两端因其温度不同而产生的一种热电动势。由于高温端的电子能量比低温端(t_0)的电子能量大，因而从高温端跑到低温端的电子数比从低温端跑到高温端的电子数多，结果高温端因失去电子而带正电荷，低温端因得到电子而带负电荷，从而形成一个静电场。此时，在导体的两端便产生一个相应的电位差，即为温差电势。图中的 A、B 导体分别都有温差电势，不同导体的性质和接触点的温度不同。

热电偶总电势与电子密度及两接点温度有关。电子密度不仅取决于热电偶材料的特性，

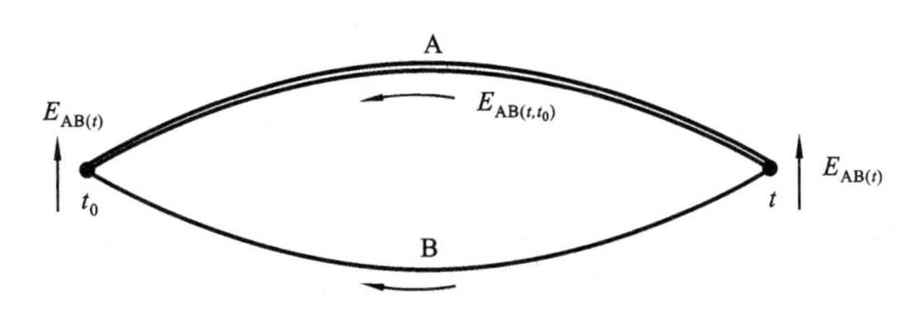

图 5.1.7　热电偶测温原理图

而且随温度变化而变化，它并非常数。所以当热电偶材料一定时，热电偶的总电势成为温度 t 和 t_0 的函数差。又由于冷端温度 t_0 固定，则对一定材料的热电偶，其总电势 $E_{AB}(t,t_0)$ 就只与温度 t 成单值函数关系：

$$E_{AB}(t,t_0) = f(t) - C \tag{5-1-1}$$

每种热电偶都有它的分度表(参考端温度为 0 ℃)，分度值一般取温度变化 1 ℃所对应的热电动势的电压值。热端(t)为测量端，冷端(t_0)为参比端。

图 5.1.8 表示热电偶的校正及使用装置。使用时一般是将热电偶的一个接点放在待测物体中(热端)，而将另一端放在储有冰水的保温瓶中(冷端)，这样可以保持冷端的温度恒定。校正一般是通过用一系列温度恒定的标准体系，测得热电动势和温度的对应值来得到热电偶的工作曲线。

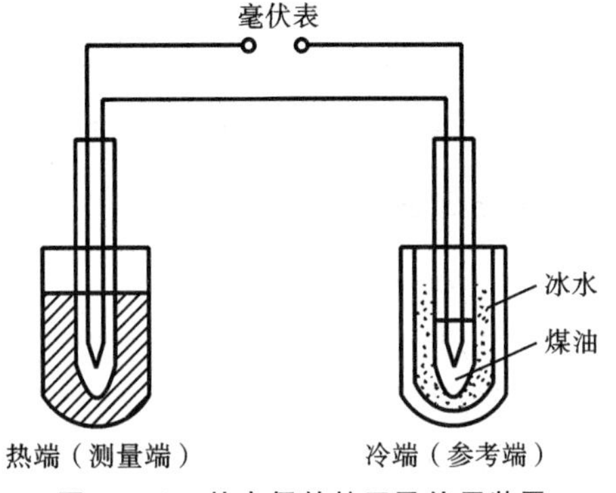

图 5.1.8　热电偶的校正及使用装置

② 常用的热电偶。

国际电工委员会(IEC)对七种国际公认、性能优良和产量最大的热电偶制定标准，即 IEC584-1 和 IEC584-2 中所规定的：S 分度号(铂铑 10-铂)；B 分度号(铂铑 30-铂铑 6)；K 分度号(镍铬-镍硅)；T 分度号(铜-康钢)；E 分度号(镍铬-康钢)；J 分度号(铁-康钢)；R 分度号(铂铑 13-铂)等。目前国内外热电偶材料的品种非常多，我国常用的热电偶材料列于表 5.1.1 中。

表 5.1.1　我国常用的热电偶材料

热电偶类别	材质及组成	新分度号	旧分度号	使用范围/℃	热电动势系数/($mV \cdot K^{-1}$)
廉价金属	铁-康铜		FK	0～800	0.0540
	铜-康铜	T	CK	−200～300	0.0428
	镍铬 10-考铜		EA-2	0～800	0.0695
	镍铬-考铜		NK	0～800	
	镍铬-镍硅	K	EU-2	0～1300	0.0410
	镍铬-镍铝			0～1100	0.0410
贵金属	铂铑 10-铂	S	LB-3	0～1600	0.0064
	铂铑 30-铂铑 6	B	LL-2	0～1800	0.00034
难熔金属	钨铼 5-钨铼 20		WR	0～200	

第二节　热分析技术

热分析是以热效应进行分析的一种方法,是在程序控制温度下测量物质的物理性质与温度关系的一类技术。常用的热分析技术如表 5.2.1 所示。

表 5.2.1　常用的热分析技术

物理性质	技术名称	简　称
质量	热重法	TG
	微商热重法	DTG
	逸出气检测法	EGD
	逸出气分析法	EGA
温度	差热分析法	DTA
焓	差示扫描量热法	DSC

本节主要介绍差热分析法、差示扫描量热法和热重法。

一、差热分析法

(1) 差热分析原理。

差热分析法是一种重要的物理化学分析方法,它可以对物质进行定性和定量分析,在生产和科学研究中有着广泛的应用。

物质在受热或冷却过程中,当达到某一温度时,往往会发生熔化、凝固、晶型转变、分解、化合、吸附、脱附等物理或化学变化,其表现为样品与参比物之间有温度差。差热分析(简称 DTA)就是通过温差测量来确定物质的物理化学性质的一种热分析方法。一般来说,相转变、脱氢还原和一些分解反应产生吸热效应,而结晶、氧化和一些分解反应产生放热效应。进行差热分析时,选择一种对热稳定的物质作为参比物(如 α-Al_2O_3),将试样与参比物分别放在坩埚中,然后置入可按设定速率升温的电炉中加热,如图 5.2.1 所示。

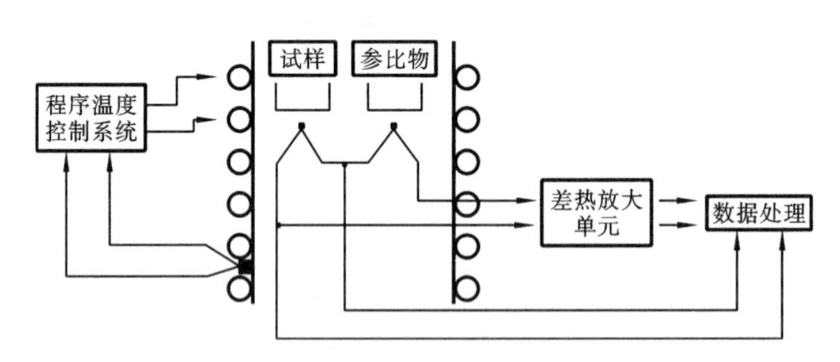

图 5.2.1　差热分析仪原理图

分别记录参比物的温度以及样品与参比物间的温差。以温差对温度作图就可得到一条差热分析曲线,或称差热图谱。

实验时,将样品和参比物放在相同的直线加热条件下,如果样品没有发生变化,无热效应,样品和参比物温度相同,则得到的是一条平滑的直线(如图 5.2.2 中 ab、de、gh 段,此线亦称为基线),表示两者温差 ΔT 为零。若样品产生了吸热反应,则样品温度较参比物低,ΔT 不等于零,产生吸热峰 bcd,反应后经热传导,样品和参比物间温度又趋于一致(de 段)。若样品发生放热反应,样品温度较参比物高,峰出现在基线另一侧,放热峰(如 efg)ΔT 为正。相变过程中 ΔT 由基线到极大值又回到基线,这种温差随时间变化的曲线称为差热曲线。图 5.2.2 中的示温曲线是插在参比物中的热电偶指示的参比物温度随时间变化的曲线。由差热曲线上峰的位置、方向、峰面积的大小和峰的数目等,可以得出在所测温度范围内样品发生变化所对应的温度、热效应的符号和大小以及发生热效应的次数等。从而利用差热分析来确定物质相变温度、热效应大小,鉴别物质和进行相定性分析、相定量分析以及得到一些动力学的参数等。

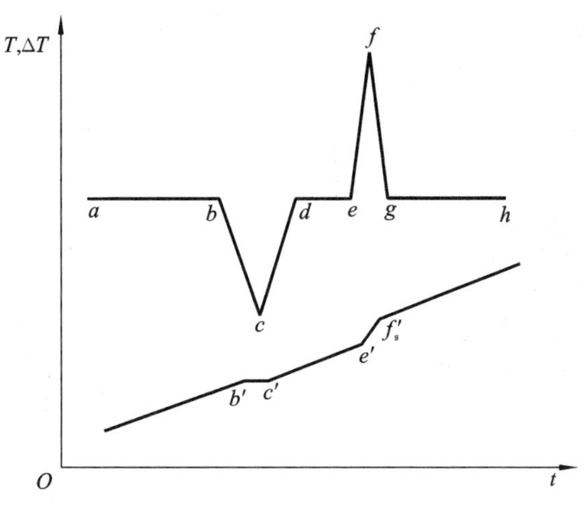

图 5.2.2 差热曲线和示温曲线

在 DTA 曲线中的峰面积与热量的变化有关,DTA 曲线所包围的面积 S 可用下式表示:

$$\Delta H = \frac{gC}{m}\int_{t_1}^{t_2}\Delta T\mathrm{d}t = \frac{gC}{m}S$$

式中:m 为反应物的质量;ΔH 为反应热;g 为仪器的几何形态常数;C 为样品的热传导率;ΔT 为温差;t_1、t_2 为 DTA 曲线的积分限。

这是一种最简单的表达式,它是通过运用比例或近似常数 g 和 C 来说明样品反应热与峰面积的关系式。这里忽略了微分项和样品的温度梯度,并假设峰面积与样品的比热容无关,所以它是一个近似关系式。

(2) DTA 曲线起止点温度的确定和峰面积的测量。

① DTA 曲线起止点温度的确定。

一般用峰开始时所对应的温度(如图 5.2.2 中 b、e 对应的温度)作为反应温度,但对很锐的峰也可以取峰的极大值所对应的温度作为反应温度。在实际测量中,由于样品与参比物的比热容、导热系数、装填情况不可能相同,样品在测定过程中伴随反应也会发生膨胀或收缩等变化,还有两支热电偶的热电动势也不一定完全相同,总之样品侧与参比物侧任何一个与热学有关的不对称因素,都会造成差热曲线的基线不与时间轴平行,而且峰前后基线也不一定在一条直线上,称为 DTA 基线漂移。减小 DTA 基线漂移的总原则是使样品侧与参比物侧尽可能对称,具体办法可参考差热分析仪的使用说明。但从 DTA 测量原理上讲,其基线漂移不可能完全消除。如果基线漂移明显,可按图 5.2.3 所示的方法确定峰的起点、终点。

② DTA 曲线峰面积的测量。

DTA 曲线的峰面积为反应前后基线所包围的面积,其测量方法有以下几种。

(a) 使用积分仪,可以直接读数或自动记录差热峰的面积。

(b) 如果差热峰的对称性好，可作等腰三角形处理，用峰高乘以半峰宽(峰高 1/2 处的宽度)的方法求面积。

(c) 剪纸称重法，若记录纸厚薄均匀，可将差热峰剪下来，在分析天平上称其质量，其数值可以代表峰面积。

对于反应前后基线没有偏移的情况，只要连接基线就可以得到峰面积，这是不言而喻的。对于基线有偏移的情况，下面的方法是经常采用的：在图 5.2.3(b)中通过峰顶 T_M 作横坐标轴的垂线，此垂线与基线延长线和 DTA 曲线的两个半侧构成两个近似三角形，用 S_1、S_2(图中阴影表示)之和($S=S_1+S_2$)表示峰面积，这种求面积的方法中认为在 S_1 中丢掉的部分与 S_2 中多余的部分可以得到一定程度的抵消。

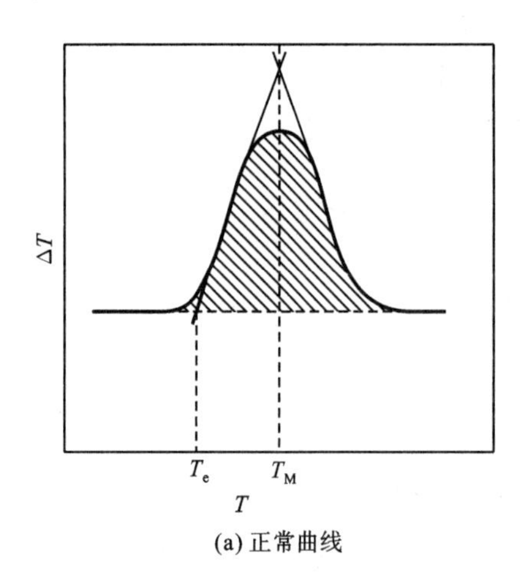

(a) 正常曲线

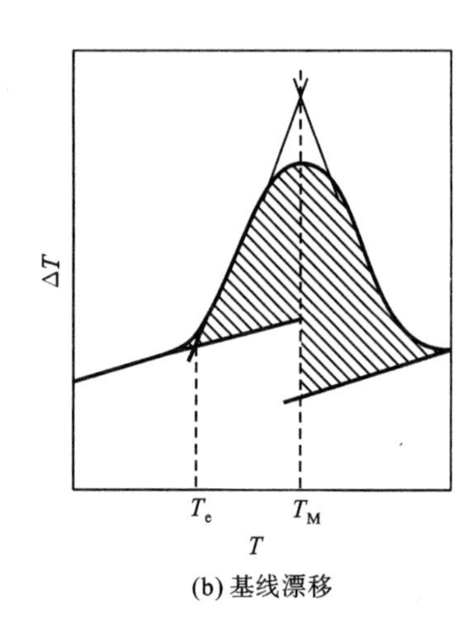

(b) 基线漂移

图 5.2.3　差热峰的起止点和峰面积

二、差示扫描量热法

(1) 差示扫描量热法的基本原理。

差示扫描量热法(DSC)是在程序控制温度下，测量输给物质和参比物的功率差与温度关系的一种技术。

差示扫描量热法和差热分析法的仪器装置相似，所不同的是在试样和参比物容器下装有两组补偿加热丝，当试样在加热过程中由于热效应与参比物之间出现温差 ΔT 时，通过差热放大电路和差动热量补偿放大器，使流入补偿电热丝的电流发生变化，当试样吸热时，补偿放大器使试样一边的电流立即增大；反之，当试样放热时则使参比物一边的电流增大，直到两边热量平衡，温差 ΔT 消失为止。换句话说，试样在热反应时发生的热量变化，由于及时输入电功率而得到补偿，所以实际记录的是试样和参比物两组电热补偿加热丝的热功率之差随时间 t 变化的关系 $\left(\frac{\mathrm{d}H}{\mathrm{d}t}\text{-}t\right)$。如果升温速率恒定，记录的也就是热功率之差随温度 T 变化的关系 $\left(\frac{\mathrm{d}H}{\mathrm{d}t}\text{-}T\right)$，如图 5.2.4 所示。

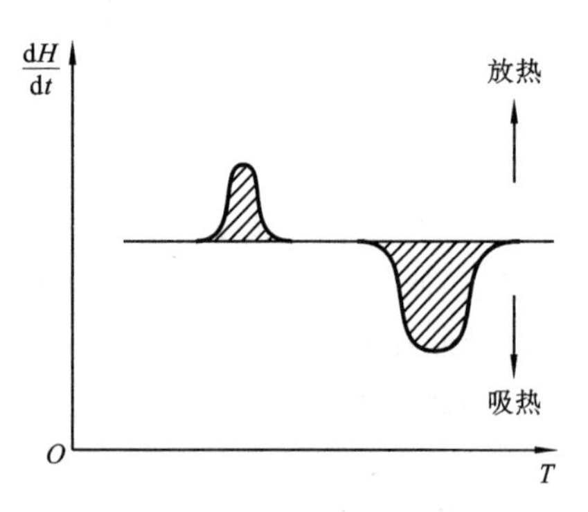

图 5.2.4　DSC **曲线与峰面积**

其峰面积 S(如图 5.2.4 中阴影所示)正比于焓的

变化，即

$$\Delta H = KS$$

式中：K 为与温度无关的仪器常数。

如果事先用已知相变热的试样标定仪器常数，再根据待测样品的峰面积，就可得到 ΔH 的绝对值。可利用锡、铅等纯金属的熔化，从其熔化热的文献值即可得到仪器常数。

因此，用差示扫描量热法可以直接测量热量，这是它与差热分析法的一个重要区别。此外，差示扫描量热法与差热分析法相比，另一个突出的优点是后者在试样发生热效应时，试样的实际温度已不是程序升温时所控制的温度（如在升温时试样由于放热而一度加速升温）。而前者由于试样的热量变化随时可得到补偿，试样与参比物的温度始终相等，避免了试样与参比物之间的热传递，故仪器的反应灵敏，分辨率高，重现性好。

(2) 差示分析法和差示扫描量热法应用比较。

差热分析法和差示扫描量热法的共同点是峰的位置、形状和峰的数目与物质的性质有关，故可以定性地用来鉴定物质。从原则上讲，物质的所有转变和反应都应有热效应，因而可以采用差热分析法和差示扫描量热法检查这些热效应，不过有时由于灵敏度等种种原因的限制，不一定都能观测得出。而峰面积的大小与反应热有关，即 $\Delta H = KS$。对于 DTA 曲线，K 是与温度、仪器和操作条件有关的比例常数。而对于 DSC 曲线，K 是与温度无关的比例常数。这说明在定量分析中差示扫描量热法优于差热分析法，但是目前 DSC 测定的温度只能达到700 ℃左右，温度再高时，只能用 DTA 仪了。

差热分析法和差示扫描量热法在化学领域和工业上得到了广泛的应用。

三、热重法

热重法（TG）是在程序控制温度下，测量物质质量与温度关系的一种技术。许多物质在加热过程中常伴随质量的变化，这种变化过程有助于研究晶体性质的变化，如熔化、蒸发、升华和吸附等物质的物理现象；也有助于研究物质的脱水、解离、氧化、还原等化学现象。热重分析通常可分为两类：动态（升温）热重分析和静态（恒温）热重分析。

热重法实验得到的曲线称为热重曲线（TG 曲线），如图 5.2.5 中曲线 a 所示。TG 曲线以质量为纵坐标，从上向下表示质量减少；以温度（或时间）为横坐标，自左向右表示温度（或时间）增加。

从热重法可派生出微商热重法（DTG），它是 TG 曲线对温度（或时间）的一阶导数。以物质的质量变化速率$\frac{\mathrm{d}m}{\mathrm{d}t}$对温度（或时间）作图，即得 DTG 曲线，如图 5.2.5 曲线 b 所示。DTG 曲线上的峰代替 TG 曲线上的阶梯，峰面积正比于试样质量。DTG 曲线可以通过微分 TG 曲线得到，也可以用适当的仪器直接测得，DTG 曲线比 TG 曲线优越性大，它提高了 TG 曲线的分辨率。

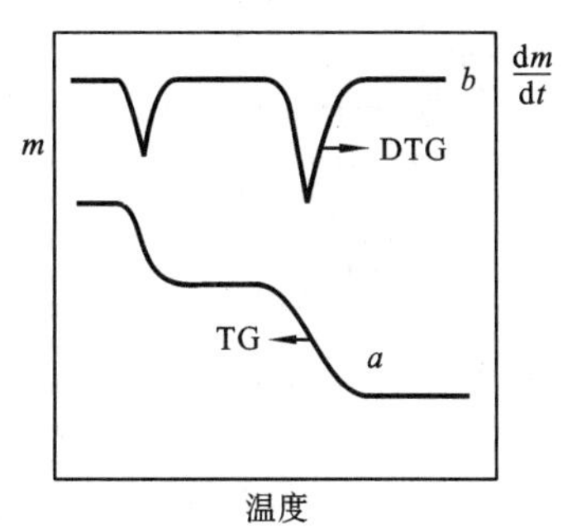

图 5.2.5 TG 曲线和 DTG 曲线

进行热重分析的基本仪器为热天平，它包括天平、炉子、程序控温系统、记录系统等几个部分。除热天平外，还有弹簧秤。

第三节　压力测量技术

物理化学实验中的压力通常是指均匀垂直作用于单位面积上的力，也可称为压强。国际单位制(SI)用帕斯卡作为通用的压力单位，以 Pa 表示。当作用于 1 m^2(平方米)面积上的力为 1 N(牛顿)时就是 1 Pa(帕斯卡)。压力之间的换算关系见附录。

由于相对于大气环境而言，体系的压力可区分为正压状态与负压状态(也称真空状态)。所以除了所用单位不同之外，压力还可用绝对压力、表压和真空度来表示。

在压力高于大气压的时候：

绝对压力＝大气压＋表压　或　表压＝绝对压力－大气压

在压力低于大气压的时候：

绝对压力＝大气压－真空度　或　真空度＝大气压－绝对压力

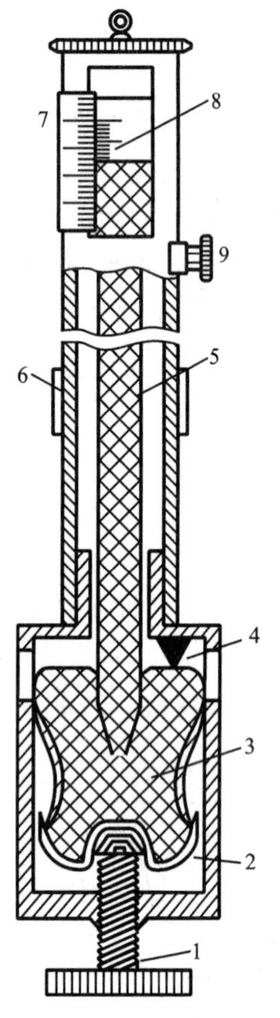

图 5.3.1　福廷式压力计

1—螺栓；2—羚羊皮袋；3—汞槽；4—象牙针；5—玻璃管；6—温度计；7—标尺；8—游标尺；9—游标尺固定螺丝

一、压力测量仪及压力的测量

测量气体压力的仪器称为气压计，常用的主要有福廷式压力计、U 形管压力计、弹簧式压力计及电子压力测量仪等。

对于大气环境的压力常用福廷式压力计(其结构见图 5.3.1)来进行测定，这类仪器实际上测量的是体系的压力相对于绝对真空时所产生的水银柱高度差(或压力差)，其测量原理本质上是测量体系压力对应于某个基准点的压力差。实验室常用 U 形管压力计(其结构见图5.3.2)。U 形管压力计既可测量正压体系的压力值，也可测量负压体系的压力值。选用不同密度的液体介质可改变 U 形管压力计测量范围的大小及测量结果的准确度。例如，实验室常用 U 形管压力计测量真空度为 0～10^5 Pa 的体系的压力。U 形管压力计构造简单，使用方便，能测量微小压力差，测量准确度比较高，容易制作，价格低廉；但测量范围不大，示值与工作液密度有关，即与工作液的种类、温度、纯度及重力加速度有关，另外，它的结构不牢固，耐压程度比较差。弹簧式压力计利用弹性元件的弹性力来测量压力，是测压仪表中相当重要的一种形式。物理化学实验室中接触较多的为单管弹簧式压力计(其结构见图 5.3.3)。福廷式压力计、U 形管压力计和弹簧式压力计的原理及使用方法参见具体实验。

随着压力传感器技术和电子技术的发展，越来越多的电子压力测量仪取代水银气压计被应用于实验室中，采用三位或四位数字显示，使用环境温度为－10～40 ℃，量程为(101.3±20) kPa，分辨率为 0.01～0.1 kPa。这类气压计应用便利灵敏，但需要定期进行校正，以获得稳定的测量结果。

二、真空技术

真空体系也称负压体系，是指压力小于一个大气压的气态空间。真空状态下气体的稀薄

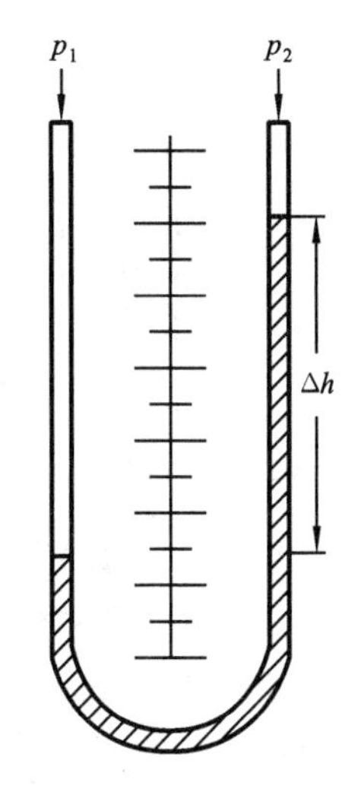

图 5.3.2 U形管压力计

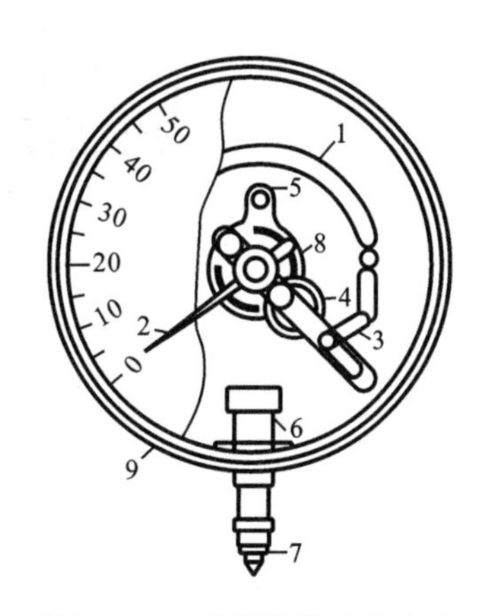

图 5.3.3 单管弹簧式压力计

1—金属弹簧管；2—指针；3—连杆；4—扇形齿轮；
5—弹簧；6—底座；7—测压接头；8—小齿轮；9—外壳

程度常以压力值表示，习惯上称为真空度。不同的真空状态，意味着该空间具有不同的分子密度。在现行的国际单位制(SI)中，真空度的单位与压力的单位均为帕斯卡(Pa)。在物理化学实验中，通常按真空度的获得和测量方法的不同，将真空区域划分为以下几类。

粗真空(10^5～10^3 kPa)：以分子相互碰撞为主，分子自由程 $\lambda \ll$ 容器尺寸 d。

低真空(10^{-1}～10^3 Pa)：分子相互碰撞和分子与器壁碰撞不相上下，$\lambda \approx d$。

高真空(10^{-6}～10^{-1} Pa)：以分子与器壁碰撞为主，$\lambda \gg d$。

超高真空(10^{-10}～10^{-6} Pa)：分子与器壁碰撞次数减少，形成一个单分子层的时间已达数分钟或数小时。

极高真空($\leqslant 10^{-10}$ Pa)：分子数目极为稀少，以致统计涨落现象较严重，与经典的统计理论产生偏离。

(1) 真空的获得。

为了获得真空，就必须设法将气体分子从容器中抽出。凡是能从容器中抽出气体，使气体压力降低的装置，均称为真空泵，主要有水冲泵(其结构见图 5.3.4)、机械泵、扩散泵、分子泵、钛泵、低温泵等几种。实验室常用的真空泵为旋片式真空泵(其结构见图 5.3.5)，扩散泵(其结构见图 5.3.6)是利用工作物质高速从喷口处喷出，在喷口处形成低压，对周围气体产生抽吸作用而将气体带走的，其极限真空度可达 10^{-7} Pa。分子泵是一种纯机械的高速旋转的真空泵，一般可获得小于 10^{-8} Pa 的无油真空。钛泵的抽气机理通常认为是化学吸附和物理吸附的综合，一般以化学吸附为主，极限真空度在 10^{-8} Pa。低温泵能达到极限真空的泵，其原理是靠深冷的表面抽气，它可获 10^{-10}～10^{-9} Pa 的超高真空或极高真空。

(2) 真空度的测定。

真空的测量实际上就是测量低压下气体的压力，常用的测压仪器有 U 形管压力计、麦氏真空规(见图 5.3.7)、热偶真空规(见图 5.3.8)、电离真空规和数字式低真空压力测试仪等。

真空度的表达值范围可宽达十几个数量级：10^{-10}～10^5 Pa，因此需要用若干种不同的压力测量计(也称真空规)来测定不同压力范围的体系压力值。粗真空的测量一般用 U 形管压力计或酒精压力计，测量真空度为 0～10^5 Pa 的体系。对于较高真空度的系统(10^{-4}～10 Pa)，常

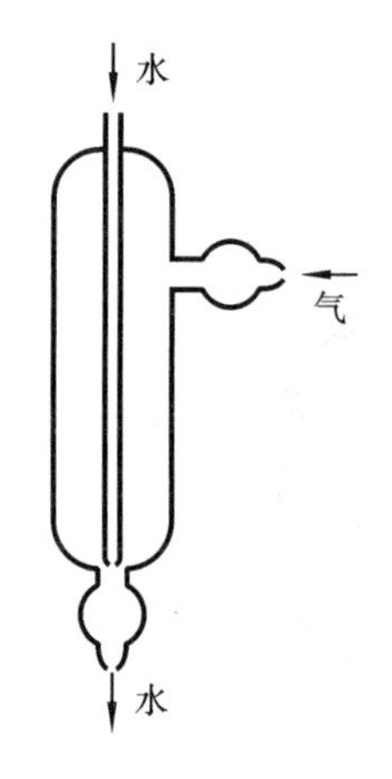

图 5.3.4　水冲泵

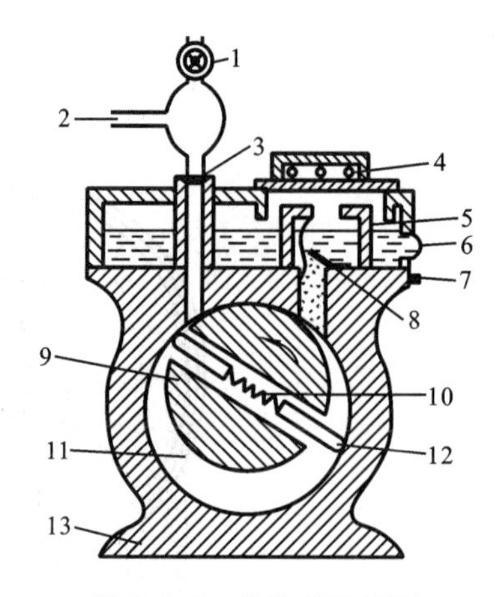

图 5.3.5　旋片式真空泵

1—充气阀；2—进气口；3—进气滤网；4—排气阀；5—油气分离室；6—油标；7—放油阀；8—排气阀；9—转子；10—弹簧；11—工作室；12—旋片；13—锭子

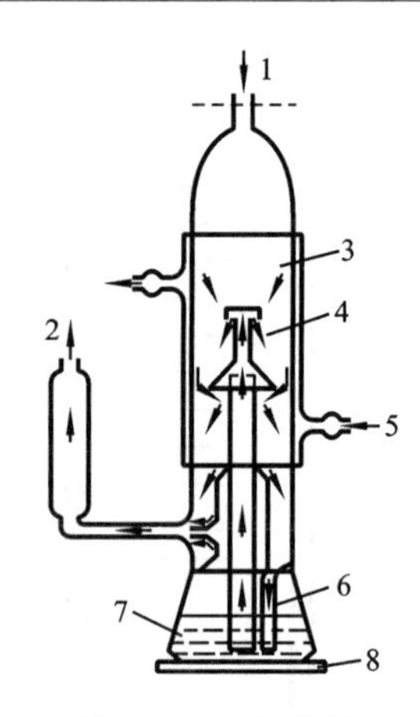

图 5.3.6　扩散泵

1—通待抽真空部分；2—机械泵；3—被抽气体；4—油蒸气；5—冷却水；6—冷凝油回入；7—硅油；8—电炉

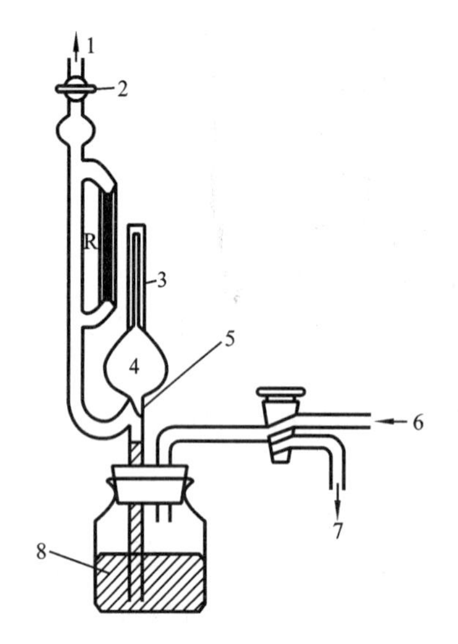

图 5.3.7　麦氏真空规

1—被测真空系统；2—活塞；3—闭口毛细管；4—玻璃泡；5—切口处；6—大气；7—辅助真空；8—汞槽

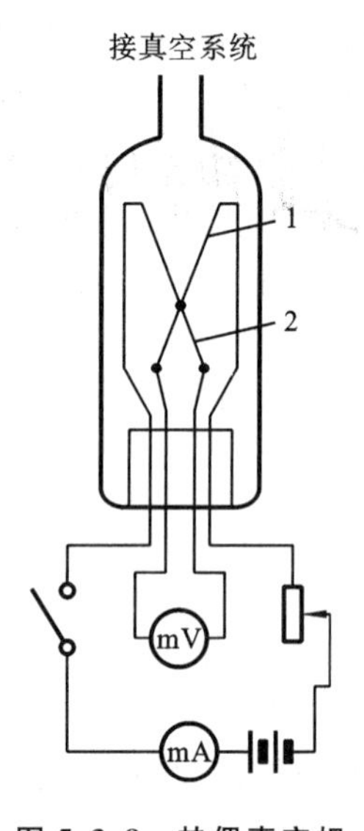

图 5.3.8　热偶真空规

1—加热丝；2—热电偶

使用真空规。真空规有绝对真空规和相对真空规两种。麦氏真空规称为绝对真空规，即真空度可以用测量到的物理量直接计算而得。而其他如热偶真空规、电离真空规等均称为相对真空规，测得的物理量只能经绝对真空规校正后才能指示相应的真空度。热偶真空规(10^{-1}～10 Pa)和电离真空规(10^{-6}～10 Pa)等电子仪器测量体系的真空度比较便利，目前常被实验室采用。这类电子仪器测量的是相对压力值，因此使用前须加以校正，并且还会因为被测体系中气体分子类型的不同而异。

目前实验室中测量粗真空的水银压力计已被数字式低真空压力测试仪取代，该仪器是运用压阻式压力传感器原理测定实验系统与大气压之间的压差，消除了汞的污染，有利于环境保护。

(3) 真空系统的检漏。

真空系统要达到一定的真空度，除了提高泵的有效抽速外，还要降低系统的漏气量，因此新安装的真空设备在使用前要检查系统是否漏气。检漏的仪器和方法很多，常用的有充压检漏法、真空检漏法，所用仪器有卤素检漏仪、高频火花检漏器、气敏半导体检漏仪、氦质谱检漏仪及用于质谱分析的其他质谱仪等。

① 静态升压法检漏。先将真空系统抽到一定的真空度，用真空阀将系统和真空泵隔开，若系统内压力保持不变或变化甚微，说明此系统不漏气，若系统内压力升得很快，表示系统漏气，此法简单，可用于大部分真空系统。但此法不能确定漏孔位置及大小。

② 玻璃真空系统常用高频火花检漏器来检漏。高频火花检漏器实际是小功率高频高压设备，它的高压输出端伸出一个金属弹簧尖头，能击穿附近空气。当它的高压放电尖端移到玻璃系统上的漏孔处时，玻璃是绝缘体不能跳火，而漏孔处因空气不断流入，在高频高压作用下形成导电区，在高频火花检漏器尖端与漏孔之间形成强烈火花线，并在漏孔处有白亮点，从而可以找到漏孔位置。使用高频火花检漏器时，不要在玻璃的一点上停留过久，以免玻璃局部过热而打出小孔来。

对检出的漏孔，可选用饱和蒸气压低、具有足够的热稳定性和一定机械和物理性质的真空密封物质密封。作暂时的或半永久的密封可选用真空泥、真空封蜡、真空漆等；要作永久性密封，可用环氧树脂胶和氯化银封接，对玻璃系统可以重新烧结。

三、高压体系

在物理化学实验中，经常要使用一些气体，气体钢瓶则是储存压缩气体和液化气体的高压容器，容积一般为 40～60 L，最高工作压力为 15 MPa，最低的也在 0.6 MPa 以上。

(1) 气体钢瓶的标记。

为了避免各种钢瓶使用时发生混淆，在使用气体钢瓶前，要按照钢瓶外表油漆颜色、字样等正确识别气体种类，切勿误用，以免造成事故。表 5.3.1 列出了常用气体钢瓶标志。

表 5.3.1　常用气体钢瓶标志

钢瓶名称	瓶身颜色	气体标字	标字颜色
氧气瓶	天蓝色	氧	黑色
氮气瓶	黑色	氮	黄色
氢气瓶	深绿色	氢	红色
压缩空气瓶	黑色	压缩空气	白色
纯氩气瓶	灰色	纯氩	绿色
二氧化碳瓶	黑色	二氧化碳	黄色
液氨瓶	黄色	氨	黑色
氯气瓶	草绿色	氯	白色
氦气瓶	棕色	氦	白色
石油气体瓶	灰色	石油气体	红色

(2) 气体钢瓶减压阀的使用。

使用气体钢瓶中的气体时，需通过减压阀使气体压力降至实验所需范围，再经过其他控制阀门细调,输入使用系统。最常见的减压阀为氧气减压阀,简称氧压表。氧气减压阀的外观及工作原理见图 5.3.9 和图 5.3.10。氧气减压阀的高压腔与钢瓶连接,低压腔为气体出口,并通往使用系统。高压表的示值为钢瓶内储存气体的压力。低压表的出口压力可由调节螺杆控制。

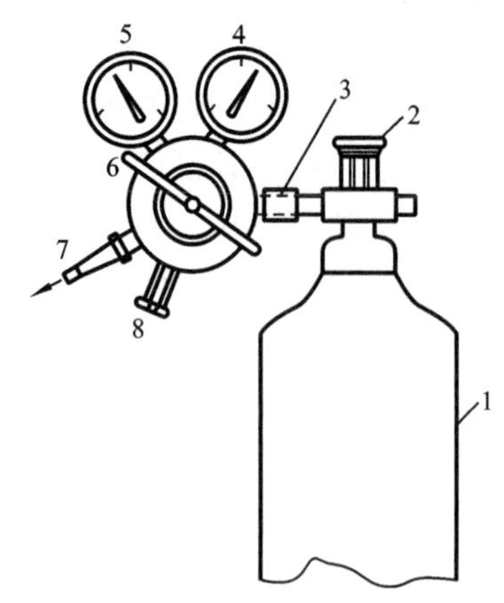

图 5.3.9　安装在气体钢瓶上的减压阀示意图

1—钢瓶;2—钢瓶开关;3—钢瓶与减压阀连接螺母;
4—高压表;5—低压表;6—低压表压力调节螺杆;
7—出口;8—安全阀

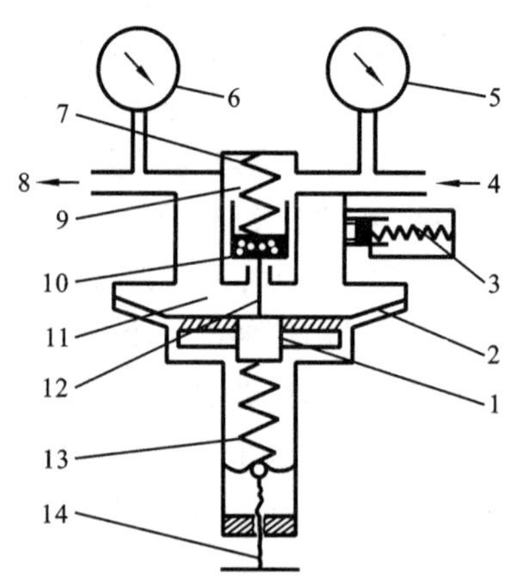

图 5.3.10　减压阀工作原理示意图

1—弹簧垫块;2—传动薄膜;3—安全阀;
4—进口(接气体钢瓶);5—高压表;6—低压表;
7—压缩弹簧;8—出口(接使用系统);9—高压气室;
10—活门;11—低压气室;12—顶杆;
13—主弹簧;14—低压表压力调节螺杆

使用时先打开钢瓶总开关,然后顺时针转动低压表压力调节螺杆,使其压缩主弹簧而将活门打开。改变活门开启的高度,从而调节高压气体的通过量并达到所需的压力值。

减压阀都装有安全阀,它是保护减压阀并使之安全使用的装置,也是减压阀出现故障的信号装置。当由于活门垫、活门损坏或其他原因导致出口压力自行上升并超过一定许可值时,安全阀会自动打开排气。

(3) 氧气减压阀的使用方法。

① 按使用要求的不同,氧气减压阀有许多规格。最高进口压力大多为 150 $kg \cdot cm^{-2}$(约 1.5×10^7 Pa),最低进口压力不小于出口压力的 2.5 倍。出口压力规格较多,一般为 0～1 $kg \cdot cm^{-2}$(1×10^5 Pa),最高出口压力为 40 $kg \cdot cm^{-2}$(约 4.0×10^6 Pa)。

② 安装减压阀时,应确认其连接口规格与钢瓶和使用系统的接头相一致。减压阀与钢瓶采用半球面连接,靠旋紧螺母使两者完全吻合。因此,在使用时应保持两个半球面的光洁,以确保良好的气密效果。安装前可用高压气体吹除灰尘。必要时也可用聚四氟乙烯等材料作垫圈。

③ 氧气减压阀严禁接触油脂,以免发生火灾。

④ 停止工作时,应将减压阀中的余气放净,然后拧松调节螺杆,以免弹性元件长久受压变形。

⑤ 减压阀应避免撞击震动,不可与腐蚀性物质相接触。

(4) 其他气体减压阀。

有些气体,例如氮气、空气、氩气等永久性气体,可以采用氧气减压阀。但还有一些气体,如氨等腐蚀性气体,则需要用专用的减压阀。市面上常见的有氮气、空气、氢气、氨、乙炔、丙烷、水蒸气等专用减压阀。

这些减压阀的使用方法及注意事项与氧气减压阀基本相同。但是，还应该指出：专用减压阀一般不用于其他气体。为了防止误用，有些专用减压阀与钢瓶之间采用特殊连接口。例如氢气和丙烷均采用左牙螺纹，也称反向螺纹，安装时应特别注意。

(5) 常用钢瓶的使用与维护注意事项。

按图 5.3.9 装好氧气减压阀。使用前，逆时针转动减压阀手柄至放松位置。此时减压阀关闭。打开总压阀，高压表指示钢瓶内压力(表压)。用肥皂水检查减压阀与钢瓶连接处是否漏气。若不漏气，则可顺时针旋转手柄，减压阀门即开启送气，直到所需压力时，停止转动手柄。

停止用气时，先关闭钢瓶阀门。并将余气排空，直至高压表和低压表均指到“0”。逆时针转动手柄至松的位置。此时减压阀关闭。保证下次开启钢瓶阀门时，不会发生高压气体直接冲进充气体系的现象，保护减压阀的调节压力的作用，以免失灵。使用钢瓶时要注意以下几点。

① 在运输、储存和使用气体钢瓶时，注意勿使气体钢瓶与其他坚硬物体撞击，或曝晒在烈日下以及靠近高温处，以免引起钢瓶爆炸。对钢瓶应定期进行安全检查，如进行水压试验、气密性试验和壁厚测定等。

② 严禁油脂等有机物沾污氧气钢瓶，因为油脂遇到逸出的氧气就可能燃烧，如被有机物油脂沾污，则应立即用四氯化碳洗净。氢气、氧气或可燃性气体钢瓶严禁靠近明火。

③ 存放氢气或其他可燃性气体的钢瓶的房间应注意通风，以免漏出的氢气或可燃性气体与空气混合后遇到火种发生爆炸。室内的照明灯及电气通风装置均应防爆。

④ 原则上有毒气体(如液氯等)的钢瓶应单独存放，严防有毒气体逸出，注意室内通风，最好在存放有毒气体的钢瓶的室内设置毒气鉴定装置。

⑤ 若两种钢瓶中的气体接触后可能引起燃烧或爆炸，则这两种钢瓶不能存放在一起。如氢气瓶和氧气瓶、氢气瓶和氯气瓶等。氧、液氯、压缩空气等助燃气体钢瓶严禁与易燃物品放置在一起。

⑥ 气体钢瓶在存放或使用时要固定好，防止滚动或跌倒。为确保安全，最好在钢瓶外面装橡胶防震圈。液化气体钢瓶在使用时一定要直立放置，禁止倒置使用。

⑦ 使用钢瓶时，应缓缓打开钢瓶上端的阀门，不能猛开阀门，也不能将钢瓶中的气体全部用完，一定要保留 0.05 MPa 以上的残留压力。可燃性气体 C_2H_2 应剩余 0.2～0.3 MPa 的残留压力，H_2 应保留 2 MPa 的残留压力，以防重新充气时发生危险。

⑧ 装可燃性气体如 H_2、C_2H_2 等的钢瓶的阀门是“反扣”(左旋)螺纹，即逆时针方向拧紧；装非燃性或助燃性气体如 N_2、O_2 等的钢瓶的阀门是“正扣”(右旋)螺纹，即顺时针方向拧紧。开启阀门时应站在气表一侧，以防减压阀门被冲出而受到击伤。

⑨ 可燃性气体要有防回火装置。

第四节　电化学测量技术

一、电导、电导率的测量

电导是电化学中的一个重要参量，它不仅反映电解质溶液中离子的状态及运动的许多信息,而且由于它在稀溶液中与离子浓度之间的简单线性关系,被广泛应用于分析化学和化学动力学过程的测试。

(1) 电解质溶液电导的测量方法。

测量装置如图 5.4.1 所示。

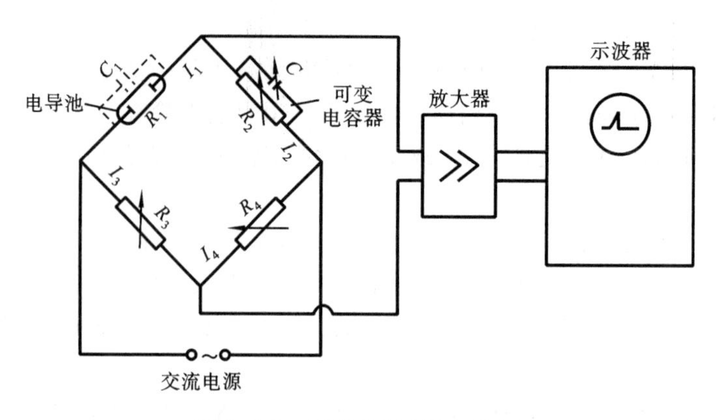

图 5.4.1 交流电桥装置示意图

将待测溶液装入具有两个固定铂电极的电导池中,将电导池连接在交流电桥的一臂,在电桥平衡时测溶液的电阻,然后求电阻的倒数而得到电导。测量时不能用直流电源而应改用频率为 1000～4000 Hz 的交流电源,目的是防止极化。因为采用了交流电源,所以电桥中零电流指示器不能用直流检流计,要用示波器(或用耳机)示零。还必须指出,在交流电桥法中,虽然电阻 R_2、R_3、R_4 在制造时可以尽量地减小电感,但要做到不具有任何电容是不可能的,电导池连接于电桥线路的一臂中,尽管它相当于一个纯电阻 R_1,但仍然存在一个与电导池相并联的电容 C(分布电容)。因此,为了补偿电导池的电容,需要在桥的另一臂的可变电阻 R_2 上并联一个可变电容器 C_1。当交流电桥平衡时,应有

$$\frac{I_1R_1}{I_2R_2}=\frac{I_3R_3}{I_4R_4} \tag{5-4-1}$$

且 $I_1=I_2$,$I_3=I_4$,因此式(5-4-1)可简化为

$$R_1R_4=R_2R_3 \tag{5-4-2}$$

因为 R_2、R_3、R_4 可直接读取,所以可算出 R_1。

(2) 电阻分压法测量电解质溶液的电导率。

测量电解质溶液电导率的常用仪器是电导率仪。

电导率仪的测量原理参见第六章第二节。

根据电解质溶液电导、电导率值的大小选择光亮的或镀有铂黑的电导电极。若被测溶液的电导值很低(小于 5.0×10^{-6} S),极化不严重,则可用光亮电极测量。若被测溶液的电导值在 5.0×10^{-6}～1.5×10^{-1} S,则必须用铂黑电极。

二、电动势与电极电势的测量

(1) 电池电动势测量的基本原理。

电池电动势的测量必须在可逆条件下进行。所谓可逆条件,一是要求电池本身的电池反应可逆,二是在测量电池电动势时,电池几乎没有电流通过。为此在测量装置上设计一个方向相反而数值与待测电池的电动势几乎相等的外加电动势,以对消待测电池的电动势。这种测

定电动势的方法称为对消法,其工作原理见具体实验。

(2) 盐桥。

许多实用电池的两个电极周围的电解质溶液的性质不同,或性质相同而浓度不同。当这两种溶液相接触时,存在一个接界面,在液接界面上由于离子扩散,会产生一个微小的电位差,这个电位差称为液接界电势。

减小液接界电势的办法一般是采用盐桥。选择盐桥内溶液时应注意的几个问题如下。

① 盐桥内溶液的正、负离子的摩尔电导率应尽量接近。

② 盐桥内溶液必须与两端溶液不发生反应。

③ 如果盐桥内溶液中的离子扩散到被测系统会对测量结果有影响,则必须采取措施避免。例如,某体系采用离子选择性电极测定 Cl^- 浓度,如果选 KCl 溶液作盐桥溶液,那么 Cl^- 会扩散到被测系统中,影响测量结果。这时可采用液位差原理使电解液朝一定方向流动,可以减少盐桥溶液离子流向被测电极(或参比电极)溶液内,如图 5.4.2 所示。

由于被测溶液和参比电极溶液的液面都比盐桥溶液的液面高,因而可防止盐桥溶液离子流向被测溶液或参比电极溶液中。

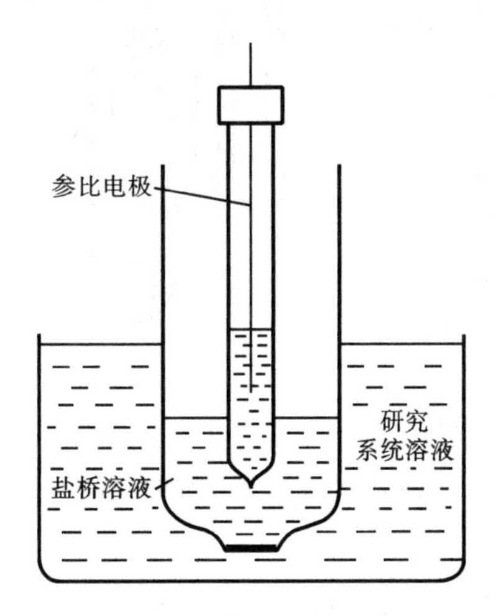

图 5.4.2　利用液位差防止研究体系溶液的污染

(3) 参比电极。

电极电势的测量除了要考虑电动势测量中的有关问题之外,特别要注意参比电极的选择。选择参比电极时必须注意下列问题。

① 参比电极必须是可逆电极,它的电极电势也是可逆电势。

② 参比电极必须具有良好的稳定性和重现性。

③ 参比电极的选择必须根据被测体系的性质来决定。例如:氯化物体系可选甘汞电极或氯化银电极;酸性溶液体系可选硫酸亚汞电极;碱性溶液体系可选氧化汞电极等。在具体选择时,还必须考虑减小液接界电势等问题。

水溶液体系常用的参比电极如下。

① 氢电极。

氢电极主要用作标准电极,但在酸性溶液中也可作为参比电极,尤其在测量氢超电势时,采用同一溶液中的氢电极作为参比电极,可简化计算。

② 甘汞电极。

在实验中常用甘汞电极作为参比电极。它的组成为

$$Hg(l)\text{-}Hg_2Cl_2(s)\mid KCl(aq)$$

它的电极反应为

$$Hg_2Cl_2+2e^-\longrightarrow 2Hg+2Cl^-$$

因此,电极的平衡电势取决于Cl^-的活度,通常使用的有 0.1 $mol\cdot L^{-1}$、1.0 $mol\cdot L^{-1}$和饱和式三种。

甘汞电极的结构形式有多种,图 5.4.3 列出市售的两种(图 5.4.3(a)、(b))和实验室制作的两种(图 5.4.3(c)、(d))。

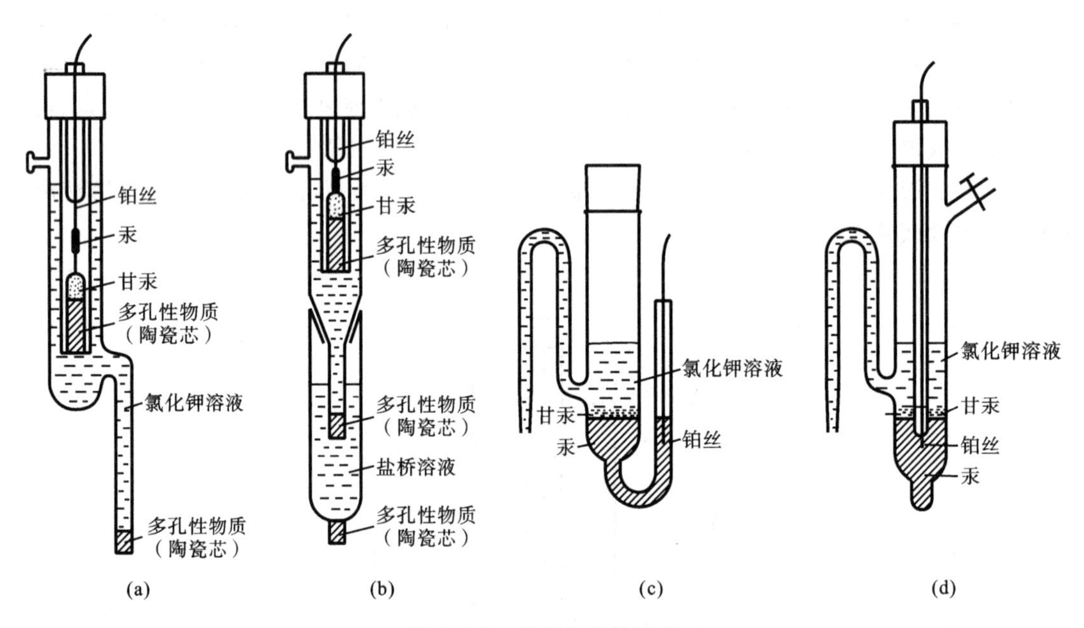

图 5.4.3 甘汞电极的形式

③ 银-氯化银电极。

银-氯化银电极为 $Ag(s)\text{-}AgCl(s)\mid Cl^-(aq)$

电极反应为 $AgCl+e^-\longrightarrow Ag+Cl^-$

银-氯化银电极的电极电势取决于Cl^-的活度。此电极具有良好的稳定性和较高的重现性,无毒,耐震。其缺点是必须浸入溶液中,否则 AgCl 层会因干燥而剥落。另外,AgCl 遇光会分解,必须避光,所以银-氯化银电极不易保存。其电极电势见表 5.4.1。

表 5.4.1 银-氯化银电极的电极电势

电　　极	温度/℃	电极电势/V
$Ag\text{-}AgCl\mid Cl^-(mol\cdot L^{-1})$	25	0.22234
$Ag\text{-}AgCl\mid KCl(mol\cdot L^{-1})$	25	0.288
Ag-AgCl | KCl(饱和)	25	0.1981
Ag-AgCl | KCl(饱和)	60	0.1657

银-氯化银电极的主要部分是覆盖有 AgCl 的银丝,它浸在含Cl^-的溶液中。实验室中制备的形式如图 5.4.4 所示。

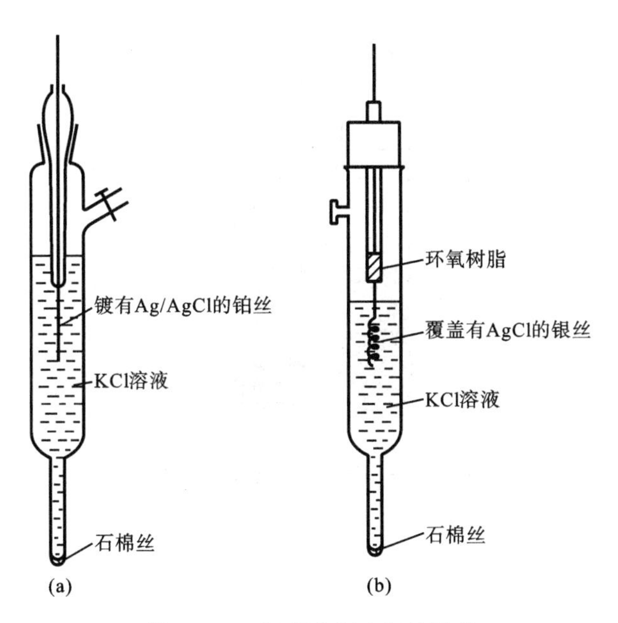

图 5.4.4 银-氯化银电极的形式

（4）测量仪器。

电位差计是根据补偿法（或称对消法）测量原理设计的一种平衡式电压测量仪器，所以在测量中几乎不损耗被测对象的能量，而且具有很高的精确度。它与标准电池、检流计等配合，成为电化学测量中最基本的测试设备。

标准电池作为电压测量的标准量具或工作量具，在直流电位差计电路中提供一个标准的参考电压。

标准电池的电动势具有很好的重现性和稳定性。如图 5.4.5 所示，用电化学式来表示为

$$\text{Cd-Hg}(12.5\%\text{Cd}) \mid \text{CdSO}_4 \cdot 8/3\text{H}_2\text{O} \mid \text{CdSO}_4(\text{饱和}) \mid \text{CdSO}_4 \cdot 8/3\text{H}_2\text{O} \mid \text{Hg}_2\text{SO}_4(\text{固}) \mid \text{Hg}$$

其电池反应为

负极 $\text{Cd(Cd-Hg 齐)} \longrightarrow \text{Cd}^{2+} + 2\text{e}^-$

正极 $\text{Hg}_2\text{SO}_4 + 2\text{e}^- \longrightarrow 2\text{Hg} + \text{SO}_4^{2-}$

总反应 $\text{Cd(Cd-Hg 齐)} + \text{Hg}_2\text{SO}_4 \longrightarrow \text{CdSO}_4 + 2\text{Hg}$

标准电池的电动势与温度有关。1975 年我国提出 0～40 ℃温度范围内饱和式标准电池的电动势-温度校正公式：

$$\Delta E_t/\mu\text{V} = -39.94(t/℃-20) - 0.929(t/℃-20)^2 + 0.0090(t/℃-20)^3 - 0.00006(t/℃-20)^4 \quad (5\text{-}4\text{-}3)$$

在精密度要求不很高时，上式可简化为

$$\Delta E_t/\mu\text{V} = -40(t/℃-20) \quad (5\text{-}4\text{-}4)$$

在使用标准电池过程中，要注意将通过标准电池的电流严格限制在允许的范围内，即 1 min允许的最大电流为 0.1 μA。在使用及搬移时应尽量避免震动，绝对不允许倒置，标准电池应避免光照。

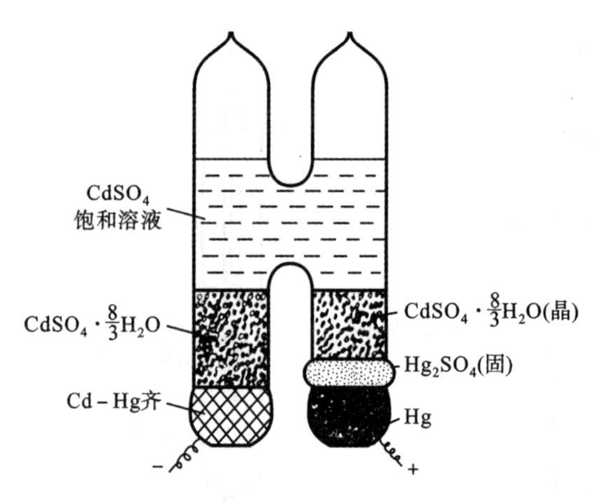

图 5.4.5 饱和式标准电池构造

第六章 几种常用仪器的工作原理及使用方法

第一节 分光光度计

分光光度计根据使用的波长范围不同分为紫外光区(波长在200～400 nm)、可见光区(波长在400～760 nm)、红外光区(波长在760～1000 nm)以及万用(全波长)分光光度计等。

每种光区的分光光度计还有不同的型号，如可见光区的分光光度计就有72型、721型、722型、7200型等。虽光区不同，型号不同，但工作原理基本相同。

一、分光光度计的工作原理

各种物质由于其分子结构不同，对不同波长光线的吸收能力也不同，因此物质对入射光产生选择性吸收。

当强度为I_0的入射光通过待测物质时，该光束将被部分吸收，透过光的强度用符号I表示。

当入射光波长一定时，待测物质对光的吸收程度用吸光度A表示。吸光度A与其物质的浓度和厚度成正比，即符合朗伯-比尔(Lambert-Beer)定律：

$$A = \lg \frac{I_0}{I} = kbc \tag{6-1-1}$$

式中：k为比例系数，如被测物质是溶液，则k与溶液性质、温度、入射光的波长有关。当浓度以$\mathrm{mol \cdot L^{-1}}$表示时，比例系数为摩尔吸光系数，用符号$\varepsilon$表示。

$$A = \lg \frac{I_0}{I} = \varepsilon bc$$

在朗伯-比尔定律中，定义I_0/I为透射比，令$T=I/I_0$，T称为透光率。I_0为入射光的强度，I为透射光的强度，b为液层厚度或溶液的光径，c为溶液的浓度。

当待测溶液的厚度一定时，吸光度与被测溶液的浓度成正比，这就是分光光度计测定溶液浓度的理论根据。

分光光度计不论是什么型号，其基本结构都是由光源、色散系统、样品池、检测系统构成。

例如722型分光光度计，其光路示意图见图6.1.1。

从光源灯钨灯发出连续的辐射光线射到聚光透镜上，再经过反射镜反射到单色器上，单色器是将复合光分出单色光的装置，一般是用滤光片、三角棱镜、光栅等元件将白光分成连续分布的单色光，单色光经过狭缝、透镜会聚后进入样品池，可用检测装置来测量，并显示光被吸收的程度。

二、分光光度计的使用方法

分光光度计的型号虽不同，但使用步骤基本相同。722型分光光度计如图6.1.2所示。现以722型分光光度计的使用方法为例说明。

(1) 开启电源，预热20 min。

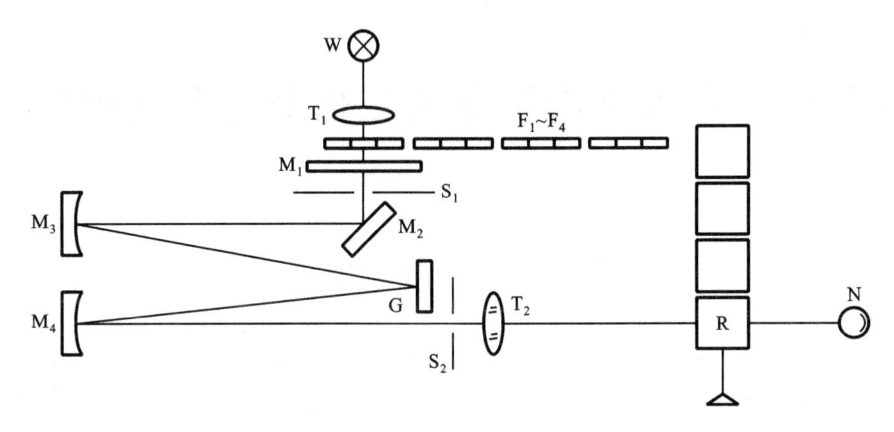

图 6.1.1　722 型分光光度计的光路示意图

W—钨灯；T_1、T_2—透镜；M_3、M_4—准直镜；S_1、S_2—狭缝；F_1～F_4—滤光片；G—光栅；M_1—保护片；M_2—反光镜；N—光电管；R—样品

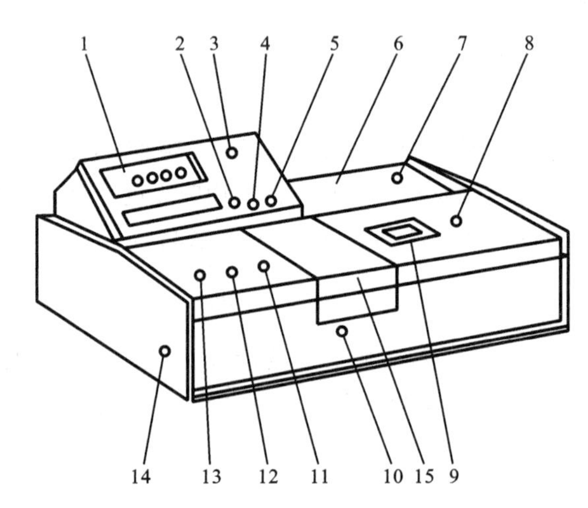

图 6.1.2　722 型分光光度计

1—数字显示器；2—吸光度调零旋钮；3—测量选择开关；4—吸光度斜率调节旋钮；5—浓度调节旋钮；6—光源室；7—电源开关；8—波长调节旋钮；9—波长刻度窗；10—比色皿架拉杆；11—100％T(透光率)调节旋钮；12—0％T(透光率)调节旋钮；13—T(透光率)灵敏度调节旋钮；14—干燥器；15—比色室盖

(2) 选择测试波长，旋转波长调节旋钮 8 到需要的波长，在波长刻度窗 9 可观察到。

(3) 将盛有参比溶液与被测溶液的比色皿放在比色室中的比色皿架上，注意固定位置。

(4) 拉动比色皿架拉杆 10，将参比溶液对准光路。

(5) 打开比色室盖，用 0％T(透光率)调节旋钮 12 调节数字显示器 1 上的透光率为“0”。

(6) 关闭比色室盖，使单色光通过参比溶液，调节 100％T(透光率)调节旋钮 11，使数字显示器上透光率为“100”。此时将测量选择开关 3 转为吸光度，则显示器上显示值为“0.000”。

(7) 此时可以测量未知溶液，拉动比色皿架拉杆 10，使被测溶液对准光路，显示器上的数字就是被测溶液的吸光度值。

(8) 如果要改变波长，必须重复步骤(3)、(4)、(5)、(6)的操作。

(9) 测定完毕后，取出比色皿，洗净，晾干后放入比色皿盒中，注意比色皿架、比色室要清洁;关闭仪器电源后,盖上防尘罩。

注意:仪器连续使用时间不宜超过 2 h;若需长时间使用,在使用 2 h 后,关闭仪器停 30 min接着使用。

第二节　电导率仪

一、DDS-11A 型电导率仪

(1) 工作原理。

DDS-11A 型电导率仪为一种直读式测定电导率的仪器,其原理示意图见图 6.2.1。

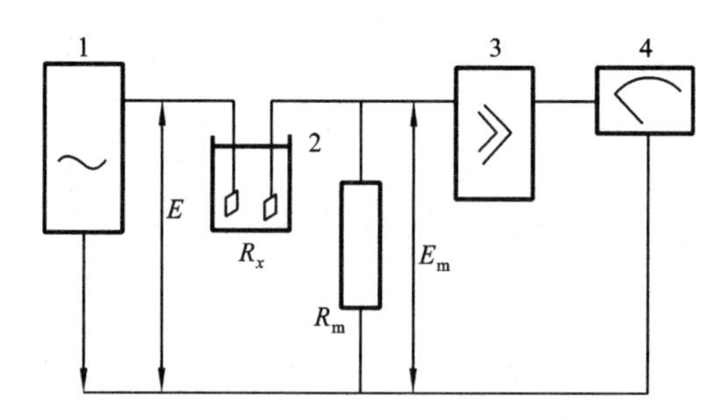

图 6.2.1　电导率仪测量原理示意图

1—振荡器;2—电导池;3—放大器;4—指示器

把振荡器产生的交流电压 E 送到电导池的电阻 R_x 与可调电阻 R_m 的串联回路中,设通过回路中的电流为 I,则 $E=I(R_x+R_m)$,在 R_m 上的电压降为 E_m,有

$$\frac{E_m}{E}=\frac{IR_m}{I(R_x+R_m)}=\frac{R_m}{R_x+R_m}$$

则

$$E_m=\frac{ER_m}{R_x+R_m} \tag{6-2-1}$$

将电导池的 $R_x=\frac{1}{\kappa}\frac{l}{A}$ 代入上式,得

$$E_m=\frac{ER_m}{\frac{1}{\kappa}\frac{l}{A}+R_m} \tag{6-2-2}$$

式中:κ 为电导率;l/A 是电导池常数(也称电极常数)。

当 E、R_m、l/A 均为常数时,电导率 κ 的变化将引起 E_m 的变化,将 E_m 交流信号经过放大器放大,再经过整流变成直流信号输出,在指示器(表头)上显示出溶液的电导率 κ 值。

从式(6-2-2)中看出,E_m 的值与电极常数有关,因此在使用电导率仪时,必须将使用的电导池的电极常数值输到仪器中。

在电导池中两个电极之间分布有电容,会产生容抗,引起测量误差,特别在 0～0.1 $\mu S \cdot cm^{-1}$ 低电导率范围内,此项影响较为显著,需采用电容补偿消除此影响。

(2) 测量范围。

该电导率仪的测量范围是 0～10^5 $\mu S \cdot cm^{-1}$,分 12 种量程。配有三种电极,当溶液的电导率小于 10 $\mu S \cdot cm^{-1}$ 时使用 DJS-1 型光亮铂电极;当溶液电导率在 10～10^4 $\mu S \cdot cm^{-1}$ 范围

时,用 DJS-1 型铂黑电极(铂黑电极表面积大,电流密度小,可减少甚至消除极化,保持溶液浓度不变);当溶液电导率大于 10^4 $\mu S \cdot cm^{-1}$时,用 DJS-10 型铂黑电极。

每支电导电极都标有电极常数值。

(3) 使用方法。

① DDS-11A 型电导率仪的面板见图 6.2.2。

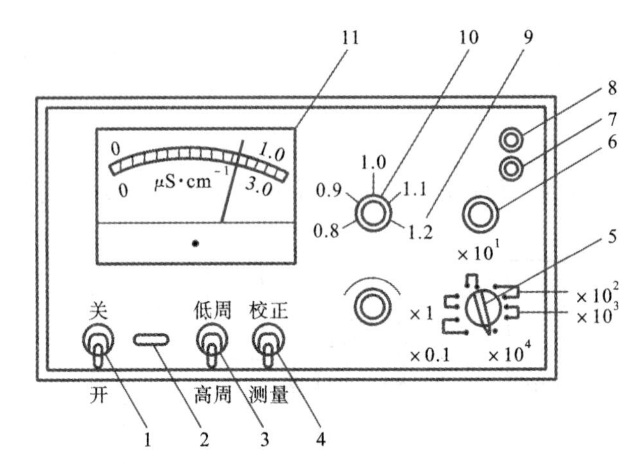

图 6.2.2 DDS-11A 型电导率仪

1—电源开关;2—指示灯;3—“高周/低周”开关;4—“校正/测量”开关;
5—量程选择;6—电容补偿调节器;7—电极插口;8—10 mV 输出端口;
9—校正调节器;10—电极常数调节器;11—表头

② 打开电源开关前,应观察表头表针是否指零,若不指零,则调节表头的螺丝,使表针指零。

③ 打开电源开关,让电导率仪预热。

④ 根据待测溶液电导率的大致范围,将“低周/高周”开关打“高周”或“低周”。电导率小于 300 $\mu S \cdot cm^{-1}$的选“低周”,电导率为 300~10^5 $\mu S \cdot cm^{-1}$的选“高周”。

⑤ 旋转“电极常数调节器”旋钮对准所用电导电极的常数值。

⑥ 将“量程选择”开关转到“$\times 10^3$”红线的位置,读数时应读表盘下排红色数值,转到黑线的位置时读黑色数值。

⑦ 将电导电极插入“电极插口”,锁紧。

⑧ 测量时,先将“校正/测量”开关打向“校正”,旋转“调正”旋钮,使表针指满刻度,然后将开关打向“测量”,读数。

注意:记下所读的数据后,开关应打回到“校正”的位置,每次测量前都应进行校正。

⑨ 当测电导率在 0~0.3 $\mu S \cdot cm^{-1}$的溶液时,在将电极浸入溶液前,调节“电容补偿调节器”使表头表针指示到最小值,其目的是消除容抗的影响,然后再进行测量。

二、数字显示电导率仪的工作原理及使用要点说明

此类电导率仪型号较多,有 DDS-12A 型及 DDS-11A(T)型数字电导率仪,还有 DDB-303A 型、DDS-307 型、DDSJ-308A 型等智能电导率仪。

这类电导率仪的工作原理是通过测量两个插入溶液的电极板之间的电阻 R_x 来实现的。R_x 与两极之间的距离 l 成正比,与电极面积 A 成反比,根据欧姆定律 $R_x = \rho l / A$,电阻的倒数是

电导 G。则

$$G = 1/R_x = A/\rho l \tag{6-2-3}$$

其中，ρ 是电阻率，电阻率的倒数 $\kappa=1/\rho$ 称为电导率。令 $K_{cell}=l/A$，K_{cell} 称为电极常数，对于某支电极而言，l、A 的值固定，电极常数 K_{cell} 也是固定值。

由式(6-2-3)推出

$$\kappa = K_{cell}/R_x \tag{6-2-4}$$

其中，电导率 κ 的单位是 $S \cdot cm^{-1}$，$1\ S=10^3\ mS=10^6\ \mu S$，电导率 κ 的常用单位是 $mS \cdot cm^{-1}$ 及 $\mu S \cdot cm^{-1}$。

此类仪器的具体测量原理是由振荡器产生的交流电压加在电极上(使用交流电的目的是消除电极的极化，保持溶液的浓度不变)，电导池内产生电流，此电流与被测溶液的电导率成正比，经电流-电压变换、放大、检波，变成直流电压，通过温度补偿，最后经 A/D 转换器转换成数字信号，由数码管显示，对智能型的电导率仪，整个过程均由微电脑控制和处理。

因仪器显示出的溶液的电导率的值与电导池的电极常数有关，在测定之前首先要将电极常数输入仪器。

对于某支电极，从理论上说其电极常数是固定的，但在实际测量中，在很宽的量程中，使用同一支电极常数固定的电导电极，测出的电导率的值会产生误差。因此对电导率不同的溶液应选用相对应的电极常数电极，通常仪器配备的是电极常数分别为 0.01 m^{-1}、0.1 m^{-1}、1.0 m^{-1} 和 10 m^{-1} 的四种类型的电导电极，选择的原则见表 6.2.1。

表 6.2.1 电导电极的电极常数选择

测量范围/($\mu S \cdot cm^{-1}$)	推荐使用电极常数/m^{-1}
0～2	0.01、0.1
2～200	0.1、1.0
200～2000	1.0
2000～20000	1.0、10
20000～200000	10

注：电极常数为 1.0 m^{-1}、10 m^{-1} 的电导电极有光亮和铂黑两种形式，镀铂电极习惯称作铂黑电极，光亮电极测量范围为 0～300 $\mu S \cdot cm^{-1}$。铂黑电极用于容易极化或浓度较高的电解质溶液的电导率的测量。

溶液的电导率 κ 值与温度有关，为了得到 25 ℃时溶液的电导率的值，仪器上设置有温度补偿调节器。将溶液补偿旋钮指向待测溶液的温度，此时仪表上显示的是 25 ℃时溶液的电导率值。如果要测实际温度下溶液的电导率值，就不需温度补偿，但是应将温度补偿旋钮指向“25”刻度线的位置。有的仪器如 DDS-308A 型电导率仪要进行温度补偿，还要另接温度传感器，如果不接温度传感器，仪器就无温度补偿作用，仪器显示的值即为当时溶液温度下的电导率的值。

通常正确选择了电导电极，输入电导电极的电极常数，调整好温度补偿旋钮的位置，就可以进行电导率的测量工作。

三、电导电极的电极常数的标定

(1) 标定方法见各种型号电导率仪的使用说明书。下面介绍 DDS-11A 型电导率仪测定电极常数的方法。

① 在电导池中注入 0.01 mol·L^{-1} KCl 标准溶液,溶液刚好浸没铂电极,将电导池放入恒温水浴中,恒温 5～10 min,开始测量。

② 扳“高周/低周”开关至“高周”挡。

③ 把“量程选择”开关扳至“$\times 10^{3}$”红线处。

④ 把“校正/测量”开关扳至“测量”位置。

⑤ 把电极常数调节器旋钮调至“1.0”位置。

⑥ 调节“调正”旋钮,使红字读数在“1.41”(即 25 ℃时 0.01 mol·L^{-1} KCl 的电导率)处。

⑦ 把“校正/测量”开关扳至“校正”位置。

⑧ 调节“电极常数调节器”旋钮,使电表指针指示于满刻度,此时“电极常数调节器”旋钮所处的位置指示的数字即为该电极的电极常数值。

(2) 常用的标定电导电极的电极常数所用的 KCl 标准溶液的组成见表 6.2.2,KCl 溶液近似浓度及电导率值的关系见表 6.2.3。

表 6.2.2　标准溶液的组成

近似浓度/(mol·L^{-1})	20 ℃时 KCl 溶液质量浓度/(g·L^{-1})
1	74.3650
0.1	7.4365
0.01	0.7440
0.001	将 100 mL 0.01 mol·L^{-1}的溶液稀释至 1 L

表 6.2.3　KCl 溶液近似浓度及电导率值的关系

近似浓度/(mol·L^{-1})	电导率/(S·cm^{-1})				
	15.0 ℃	18.0 ℃	20.0 ℃	25.0 ℃	30.0 ℃
1	92120	97800	101700	111310	131100
0.1	10455	11163	11644	12852	15353
0.01	1141.4	1220.0	1273.7	1408.3	1687.6
0.001	118.5	126.7	132.2	146.6	176.5

第三节　电位差计

一、电位差计的工作原理

电位差计是根据补偿法(或对消法)测量原理设计的一种平衡式电压测量仪器。其基本工作原理如图 6.3.1 所示。

AB 是均匀的滑线电阻,它与可变电阻 R、工作电池 W 组成回路。当回路中有电流通过时,AB 上产生电压降,AB 的电阻是固定的,回路中通过的电流大,AB 上的电压降就大;回路中通过的电流小,AB 上产生的电压降就小。为了使 AB 上的电压降符合工作要求的数值,即电位差计上 6 个大旋钮所对应的总电压的数字,则要求回路中的电流一定,此电流称为工作电

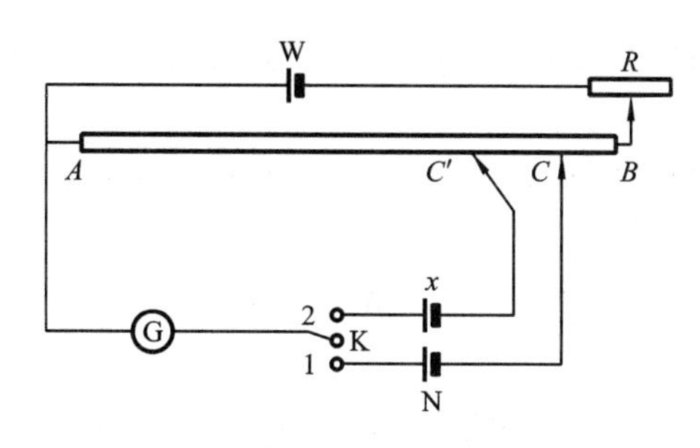

图 6.3.1　电位差计工作原理示意图

W—工作电池；N—标准电池；x—待测电池；R—可变电阻；
G—检流计；AB —均匀滑线电阻；C'、C—接触点；K—开关

流。

实验操作中，首先要调整工作电流，方法是将双掷开关 K 合在“1”的位置上，移动接触点到某一位置 C，此时 AC 上的电压降 U_{AC} 与标准电池 N 的电动势 $E_{标}$ 相同。

当 AC 上的电压降 U_{AC} 不等于标准电池的电动势 $E_{标}$ 时，检流计 G 有电流通过；当 $U_{AC}=E_{标}$ 时，检流计 G 上无电流通过。因此，若 U_{AC} 不等于 $E_{标}$，就需要调整可变电阻 R，使 $U_{AC}=E_{标}$，此时检流计上的电流为零。

当测定电池的电动势时，将开关 K 合在“2”的位置上，移动接触点到 C'，使检流计 G 上的电流为零，此时 AC' 上的电压降等于待测电池的电动势 E_x。

二、电位差计的使用方法

SDC-Ⅱ型数字电位差综合测试仪的面板如图 6.3.2 所示。SDC-Ⅱ型数字电位差综合测试仪（也称 SDC-Ⅱ型精密数字电位差计）的使用方法如下。

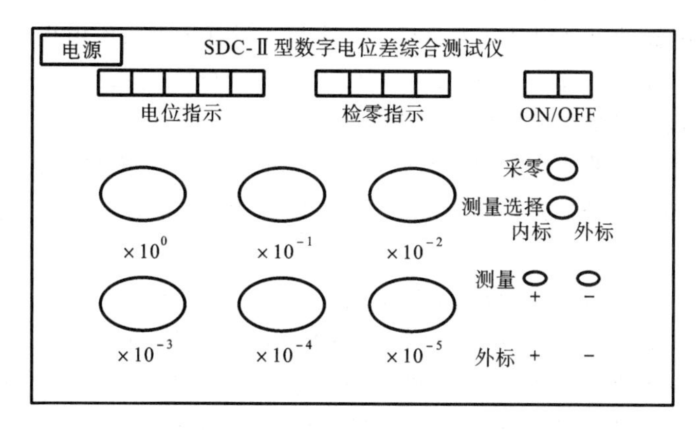

图 6.3.2　SDC-Ⅱ型数字电位差综合测试仪面板

（1）用测试线将被测电池按“＋”、“－”极性与测量插孔连接。

（2）将仪器接上 220 V 电源，开启电源，预热 15 min。

（3）首先调整工作电流，将“测量选择”旋钮置于“内标”，将“$\times 10^0$”旋钮调到“1”，其余旋钮全部调为“0”，使“电位指示”显示为“1.00000 V”，按“采零”键（有的仪器称“采零”键为调零电位器），使“检零指示”显示为“0000”。

（4）将“测量选择”开关置于“测量”，调节“$\times 10^0 \sim 10^{-5}$”6 个旋钮，使“检零指示”接近“0000”，此时的“电位指示”显示的数值即为被测电池的电动势的值。注意在测量过程中，若

“检零指示”显出溢出符号“OUL”,说明“电位指示”显示的数值与被测电动势值相差太大,也可能是正、负极接反了。

(5) 测量结束,首先关闭电源开关(OFF),最后拔下电源线。

第四节　酸　度　计

酸度计(又称 pH 计)是一种通过测量由两个电极组成的电池的电动势的方法来测定溶液的 pH 值的仪器。实验室中常用的酸度计有 pHS-25 型、pHS-2C 型、pHS-3C 型等,它们的工作原理及使用方法基本相同。

一、酸度计的工作原理

各种类型的酸度计都是由指示电极、参比电极和用来测量这一对电极所组成的电池的电动势的装置构成的。实验室中常用甘汞电极作为参比电极,它的组成为

$$\mathrm{Hg\text{-}Hg_2Cl_2(s)\,|\,KCl(溶液)}$$

它的电极反应为

$$\mathrm{Hg_2Cl_2(s)+2e^- \longrightarrow 2Hg(l)+2Cl^-} \tag{6-4-1}$$

因此,电极电势取决于 Cl^- 的浓度,通常使用的有 $0.1\ \mathrm{mol\cdot L^{-1}}$、$1.0\ \mathrm{mol\cdot L^{-1}}$ 和饱和式三种。

内部有个电极管,电极管内注入 KCl 溶液,管中封接一根铂丝插入汞中,汞的下方是汞和甘汞的糊状物,底部有多孔性物质,使之与 KCl 相通。在甘汞电极下部,用多孔材料填充,可以与待测溶液隔开,而离子可以通过。

甘汞电极的电极电势和温度以及 Cl^- 的活度有关,如下式所示:

$$\varphi_{\mathrm{Hg_2Cl_2\text{-}Hg}} = \varphi^{\ominus}_{\mathrm{Hg_2Cl_2\text{-}Hg}} - \frac{RT}{F}\ln a_{\mathrm{Cl^-}} \tag{6-4-2}$$

25 ℃时,饱和甘汞电极的电极电势为 0.2412 V,温度 t 时甘汞电极的电极电势为

$$\varphi_{\mathrm{Hg_2Cl_2\text{-}Hg}} = 0.2412\ \mathrm{V} - 6.61\times10^{-4}(t/℃ - 25)\mathrm{V} \tag{6-4-3}$$

常用的指示电极是玻璃电极,其结构如图 6.4.1 所示。

电极的下方是个玻璃膜小球,是用对氢离子有敏感作用的特殊的玻璃制成的。上方为致密的厚玻璃制造的外壳。玻璃泡内装有 $0.1\ \mathrm{mol\cdot L^{-1}}$ HCl 溶液作为内参比溶液,溶液中插有一支 Ag-AgCl 内参比电极。

将玻璃电极插入待测溶液中,组成下述电极:

$$\mathrm{Ag\text{-}AgCl(s)\,|\,HCl(0.1\ mol\cdot L^{-1})\,|\,玻璃膜\,|\,待测溶液}$$

玻璃膜把两个不同 pH 值的溶液隔开,在玻璃膜和溶液的交界处产生液接电位差。而内参比电极的电极电势是恒定的,所以在玻璃-溶液接触面之间形成的电位差,就只与待测溶液的 pH 值有关。其电极电势公式如下:

$$\varphi_{玻} = \varphi^{\ominus}_{玻} + \frac{RT}{F}\ln a_{\mathrm{H^+}} = \varphi^{\ominus}_{玻} - \frac{RT}{F}\times 2.303\mathrm{pH} \tag{6-4-4}$$

玻璃电极在使用之前,必须在蒸馏水中浸泡 24 h,以形成水化层,并消除膜电阻和不对称电势,只有在水溶液中才能显示出测量电极电势的作用。测量完毕也需浸泡在蒸馏水中。如果长期不用,则应放在电极盒里。

因玻璃电极头部球泡非常薄,容易损坏,近来常采用复合电极,这种电极是由玻璃电极和参比电极组合而成的,结构如图 6.4.2 所示。

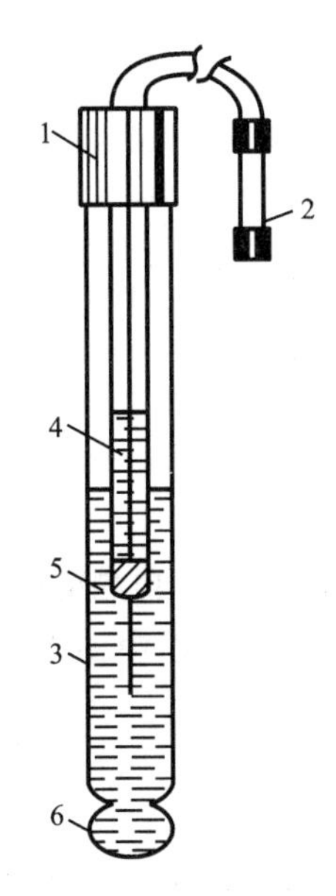

图 6.4.1　玻璃电极

1—绝缘管；2—电极插头；3—厚玻璃外壳；4—Ag-AgCl 电极；5—内参比溶液；6—玻璃膜小球

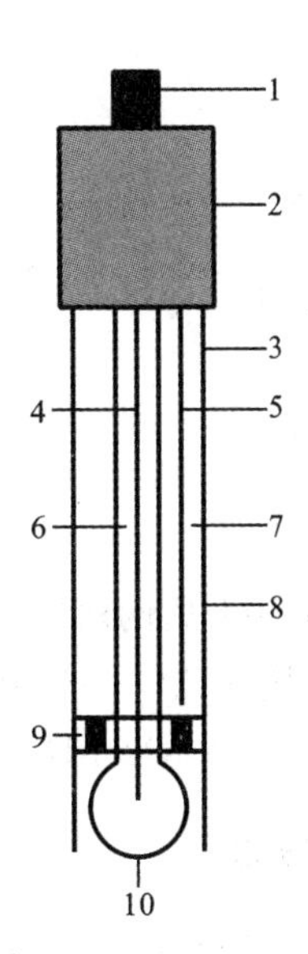

图 6.4.2　复合电极

1—导线；2—塑料壳；3—加液孔；4—Ag-AgCl 内参比电极；5—Ag-AgCl 外参比电极；6—内参比溶液；7—外参比溶液；8—聚碳酸酯树脂外壳；9—多孔陶瓷；10—玻璃膜球

这种电极下方的玻璃膜小球是用对氢离子有敏感作用的锂玻璃吹制而成的，膜厚约 0.1 mm，上方则用致密的厚玻璃作外壳。

内参比溶液为 AgCl 饱和的 0.1 mol · L^{-1} HCl 溶液，内参比电极是 Ag-AgCl 电极。外参比溶液为 AgCl 饱和的 3 mol · L^{-1} KCl 溶液。外参比电极是 Ag-AgCl 电极。

将玻璃电极和甘汞电极或者只用一支复合电极浸入待测溶液中组成电池：

玻璃膜

Ag-AgCl | HCl(0.1 mol · L^{-1}) | 待测溶液(pH=x) | 甘汞电极

则电池的电动势

$$E = \varphi_{Hg_2Cl_2\text{-}Hg} - \varphi_{玻} = \varphi_{Hg_2Cl_2\text{-}Hg} - \left(\varphi^{\ominus}_{玻} - \frac{RT}{F} \times 2.303\text{pH}\right) \tag{6-4-5}$$

将式(6-4-5)整理得

$$\text{pH} = \frac{E + \varphi^{\ominus}_{玻} - \varphi_{Hg_2Cl_2\text{-}Hg}}{\dfrac{2.303RT}{F}} \tag{6-4-6}$$

式中：E 为实验测定值；$\varphi_{Hg_2Cl_2\text{-}Hg}$、$R$、$F$ 均已知。

对不同的玻璃电极，$\varphi^{\ominus}_{玻}$ 有不同的值，即使同一支玻璃电极，其值也会随时间变化，因此可采取措施消去 $\varphi^{\ominus}_{玻}$。

通常的方法是用同一支玻璃电极及甘汞电极先插入已知 pH 值的标准缓冲溶液，测定其电动势为 E_s，得

$$\text{pH}_s = \frac{E_s + \varphi^{\ominus}_{玻} - \varphi_{Hg_2Cl_2\text{-}Hg}}{\dfrac{2.303RT}{F}} \tag{6-4-7}$$

再插入待测溶液中测定其电动势 E_x，则

$$pH_x = \frac{E_x + \varphi_{玻}^{\ominus} - \varphi_{Hg_2Cl_2\text{-}Hg}}{\frac{2.303RT}{F}} \tag{6-4-8}$$

将式(6-4-8)减去式(6-4-7)得

$$pH_x - pH_s = \frac{E_x + \varphi_{玻}^{\ominus} - \varphi_{Hg_2Cl_2\text{-}Hg} - (E_s + \varphi_{玻}^{\ominus} - \varphi_{Hg_2Cl_2\text{-}Hg})}{\frac{2.303RT}{F}}$$

整理得

$$pH_x = pH_s + \frac{E_x - E_s}{\frac{2.303RT}{F}} \tag{6-4-9}$$

用酸度计测定已知 pH_s 值的标准缓冲溶液的 E_s，这一操作称为定位操作。再测定待测溶液的 E_x，将 E_x、pH_s、E_s 代入式(6-4-9)就可计算出待测溶液的 pH 值。实际操作中不用计算，酸度计的显示器上会直接显示出 pH 值。

二、酸度计的使用方法

下面以 pHS-25 型酸度计为例说明使用方法。pHS-25 型酸度计如图 6.4.3 所示。

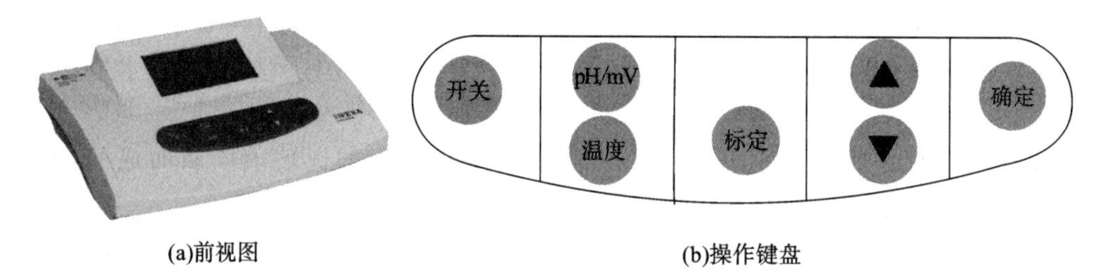

(a)前视图　　(b)操作键盘

图 6.4.3　pHS-25 型酸度计

pHS-25 型酸度计有 7 个操作按键。

(1) “pH /mV ”键：按此键进行“pH”、“mV”测量模式的转换。

(2) “温度”键：按此键后可由“▲”、“▼”键调节温度值。

(3) “标定”键：按此键仪器进入定位、斜率标定程序。

(4) “▲”键：在温度调节、手动标定时按此键为数值上升。

(5) “▼”键：在温度调节、手动标定时按此键为数值下降。

(6)“确定”键：按此键为确认上一步操作并返回“pH”测量状态或下一种工作状态。

(7) “开/关”键：此键为仪器电源的开关。

pHS-25 型酸度计的操作方法如下。

(1) 连接电源，打开开关，并将功能开关置“pH”挡，接上复合电极预热约 20 min，仪器进入“pH”测量状态。

(2) 按“温度”键，使仪器进入溶液温度调节状态(此时温度单位℃指示灯闪亮)，按“▲”或“▼”键调节温度显示数值(上升或下降)，使温度显示值和溶液温度一致，然后按“确定”键，仪器确认溶液温度值后回到“pH”测量状态。

(3) 选择一种最接近样品 pH 值的缓冲溶液进行定位调节。

(4) 测量 pH 值。

经标定过的仪器，即可用来测量被测溶液，根据被测溶液与标定溶液温度是否相同，其测量步骤也有所不同。

① 被测溶液与标定溶液温度相同时，测量步骤如下：

(a) 用蒸馏水清洗电极头部，再用被测溶液清洗一次；

(b) 把电极浸入被测溶液中，用玻璃棒搅拌溶液，使其均匀，在显示屏上读出溶液的 pH 值。

② 被测溶液与标定溶液温度不同时，测量步骤如下：

(a) 用蒸馏水清洗电极头部，再用被测溶液清洗一次；

(b) 用温度计测出被测溶液的温度值；

(c) 按“温度”键，使仪器进入溶液温度调节状态(此时温度单位℃指示灯闪亮)，按“▲”或“▼”键调节温度显示数值(上升或下降)，使温度显示值和溶液温度一致，然后按“确定”键，仪器确认溶液温度值后回到“pH”测量状态。

(d) 把电极浸入被测溶液中，用玻璃棒搅拌溶液，使其均匀，在显示屏上读出溶液的 pH 值。

(5) 测量电极电势(mV)。

① 打开电源开关，仪器进入“pH”测量状态；按“pH /mV ”键，仪器进入“mV”测量模式。

② 把氟电极插入电极插座处，甘汞电极接入参比电极接口处，用蒸馏水清洗两电极头部，再用被测溶液清洗一次；

③ 将电极插在被测溶液内，将溶液搅拌均匀后，即可在显示屏上读出该离子选择性电极的电极电势(mV)，还可自动显示极性；

④ 若被测信号超出仪器的测量范围，或测量端开路时，显示屏显示“…mV”，作超载报警。

第五节 阿贝折光仪

一、阿贝折光仪的工作原理

根据折射定律，入射角 i 和折射角 r 之间有下列关系：当光线从介质 1 进入介质 2 时，则

$$\frac{\sin i}{\sin r}=\frac{n_2}{n_1}=\frac{v_1}{v_2}=n_{1,2} \tag{6-5-1}$$

式中：n_1、n_2分别为 1、2 两介质的折射率；v_1、v_2分别为光在 1、2 两介质中的传播速度；$n_{1,2}$是介质 2 对于介质 1 的相对折射率。

折射率为物质的特性常数，一定波长的光在一定的温度和压力下，某种物质的折射率是一个定值。

由式(6-5-1)可知，当 $n_2>n_1$时，折射角 r 恒小于入射角 i。当入射角 i 增加到 90°时，折射角相应增加到最大值 r_c，r_c称为临界角。此时介质 2 中从 Oy 到 OA 之间有光线通过，而 OA 到 Ox 之间则为暗区，如图 6.5.1 所示。当入射角为 90°时，上式可写为

$$n_1=n_2\sin r_c \tag{6-5-2}$$

即在固定一种介质时，临界折射角 r_c的大小和折射率有简单的函数关系。

阿贝折光仪就是根据这个原理设计的。图 6.5.2 为仪器构造的示意图。它的主要部分为两块直角棱镜 $P_Ⅰ$、$P_Ⅱ$，棱镜 $P_Ⅰ$ 的粗糙表面 $A'D'$ 与 $P_Ⅱ$ 的光学平面镜 AD 之间有 0.1～0.15 mm的空隙，用于装待测液体并使其在 $P_Ⅰ$、$P_Ⅱ$ 间铺成一薄层。光线从反射镜射入棱镜

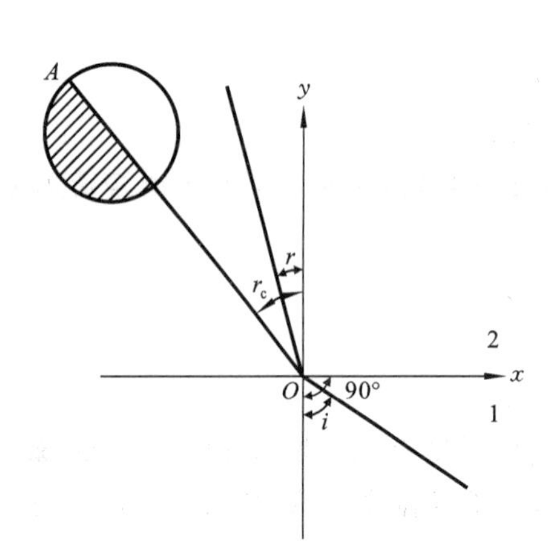

图 6.5.1　光折射示意图

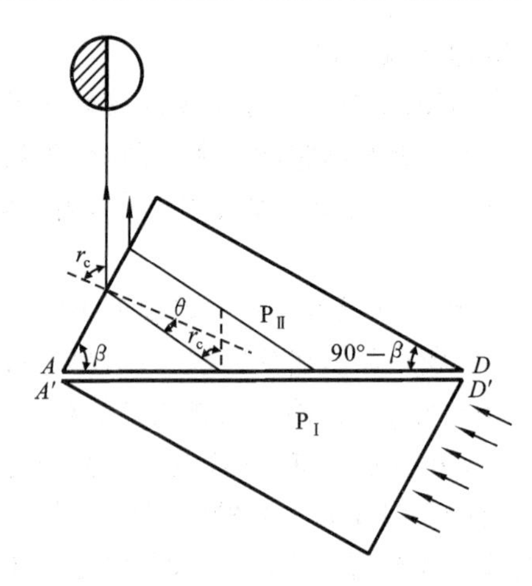

图 6.5.2　仪器构造示意图

P_I 后，由于 $A'D'$ 面是粗糙的毛玻璃而发生漫反射，从各种角度透过缝隙的被测液体，进入棱镜 P_{II} 中。由前所知，从各个方向进入棱镜 P_{II} 的光线均产生折射，而其折射角都落在临界角 r_c 之内(因为棱镜的折射率大于液体的折射率，因此入射角从 0°到 90°的全部光线都能通过棱镜而发生折射)。具有临界角 r_c 的光线穿出棱镜 P_{II} 后射于目镜上，此时若将目镜的十字线调节到适当位置，则会见到目镜内半明半暗。

从几何光学原理可以证明，缝隙中液体的折射率 $n_{液}$ 与 r_c 之间的关系为

$$n_{液} = \sin\beta\sqrt{n_{棱镜}^2 - \sin^2 r_c} - \cos\beta\sin r_c \qquad (6\text{-}5\text{-}3)$$

式中：β 对一定的棱镜为常数；$n_{棱镜}$ 在定温下也是个定值。所以液体的折射率 $n_{液}$ 是 r_c 的函数。由 r_c 可计算液体的折射率。折光仪上已经把读数 r_c 换算成 $n_{液}$ 的值，可直接读出 $n_{液}$ 的值。

在指定条件下，液体的折射率因所用单色光的波长不同而不同。若用普通白光作为光源，则由于发生色散而在明暗分界线处呈现彩色光带，使明暗交界不清楚。为了能用白光作光源，在仪器中还装有两个各由三块棱镜组成的“阿密西”棱镜作为补偿棱镜(上面的一块“阿密西”棱镜可以转动)，调节其相对位置，在适当取向时，可以使从下面的折射棱镜出来的色散光线重新成为白光，消除色带，使明暗界线清楚。此时，用白光测得的折射率即相当于用钠光 D 线所测得的折射率 n_D。

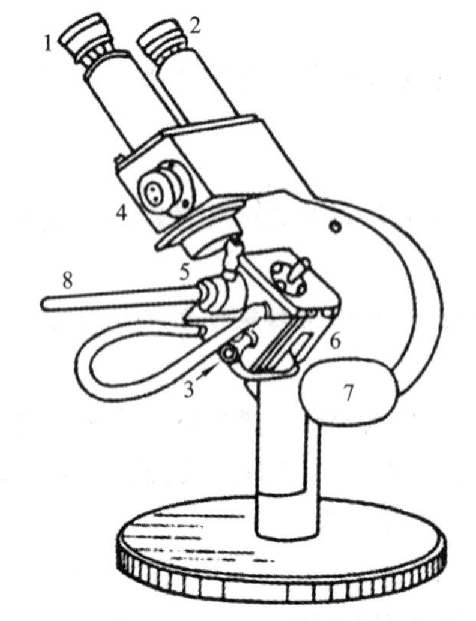

图 6.5.3　阿贝折光仪

1—目镜；2—放大镜；3—恒温水接头；4—消色补偿器；5,6—棱镜；7—反射镜；8—温度计

折射率是物质的特性常数之一，它的数值与温度、压力和光源的波长等有关。符号 n_D^{20} 是指在 20 ℃时用钠光 D 线作光源时的物质的折射率。温度对折射率有影响。多数液态有机物质温度每增加 1 ℃，折射率降低 3.5×10^{-4} ～ 5.5×10^{-4}，而固体的折射率和温度的关系没有规律，一般不超过 1.0×10^{-5}。通常大气压的变化对折射率的数值影响不明显，所以只有在很精密的工作中才考虑压力的影响。

二、阿贝折光仪的使用

阿贝折光仪如图 6.5.3 所示。其操作步骤如下。

(1) 将棱镜 5 和 6 打开，用擦镜纸将镜面拭净后，在镜面上滴少量待测液体，并使其铺满整个镜面，关上棱镜。

(2) 调节反射镜 7 使入射光线达到最强，然后转动棱镜使目镜出现半明半暗，分界线位于十字线的交叉点，这时通过放大镜 2 即可在标尺上读出液体的折射率。

(3) 如出现彩色光带，可调节消色补偿器，使彩色光带消失，明暗界面清晰。

(4) 测完之后，打开棱镜并用丙酮洗净镜面，也可用洗耳球吹干镜面，实验结束后，除必须使镜面清洁外，尚需夹上两层擦镜纸才能扭紧两棱镜的闭合螺丝，以防镜面受损。

三、阿贝折光仪的标尺零点的校正

阿贝折光仪在使用前，必须先经标尺零点的校正，可用已知折射率的标准液体(如纯水的 $n_D^{20}=1.3325$)，也可用每台折光仪中附有已知折射率的“玻块”来校正。可用 α-溴萘将“玻块”光的一面黏附在折射棱镜 5 上，不要合上棱镜 6，打开棱镜背后小窗使光线由此射入，用上述方法进行测定，如果测得的值和此“玻块”的折射率有区别，旋动镜筒上的校正螺丝进行调整。

第六节　旋　光　仪

一、旋光仪的基本原理

具有旋光性物质的旋光度是通过旋光仪进行测定的。它的基本原理如下：当一束自然光穿过一个各向异性的晶体(如方解石)时，发生双折射现象，产生两条偏振方向互相垂直的平面偏振光，如图 6.6.1 所示。如果隔断这两束光线中的一束，则得到单一的平面偏振光，可用于旋光度的测量。旋光仪的主要元件就是两块由方解石直角棱镜沿斜面用加拿大树脂黏合而成的尼科耳棱镜。当自然光投射到尼科耳棱镜上时，被分成两束互相垂直的平面偏振光，这两束平面偏振光的折射率不同，一束折射率为 1.658，称为 O 光线，此光线在第一块直角棱镜与加拿大树脂的交界面上被全反射，随后被棱镜框子上的黑色涂层吸收；另一束折射率为 1.486，称为 E 光线，此光线可自由通过树脂层及第二棱镜射出，从而获得单方向的平面偏振光。

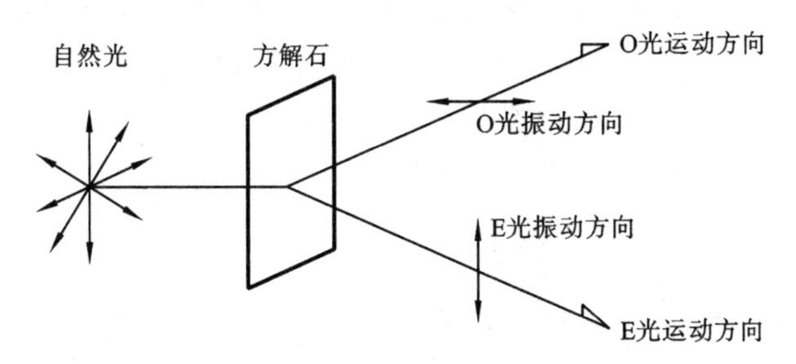

图 6.6.1　偏振光的形成

若在一个尼科耳棱镜后另置一个尼科耳棱镜，两者主截面互相平行，由第一尼科耳棱镜(起偏镜)射达第二尼科耳棱镜(检偏镜)的偏振光将全部通过(见图 6.6.2(a))；当两个主截面互相垂直时，则由起偏镜射到检偏镜的偏振光将全不能通过(见图 6.6.2(b))；当两个主截面的夹角在 0°～90°之间时，则光线可部分通过检偏镜。如果在起偏镜与检偏镜之间放有旋光性物质，则由于物质的旋光性，来自起偏镜的偏振光旋转了某一角度，只有检偏镜也旋转同样的角度，才能使透过的光的强度与原来相同。旋光仪就是根据这种原理设计的。其简单构造如图 6.6.3 所示。

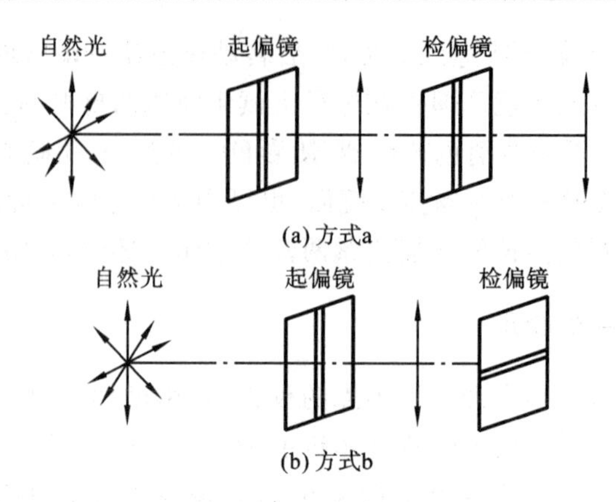

图 6.6.2　光通过尼科耳棱镜示意图

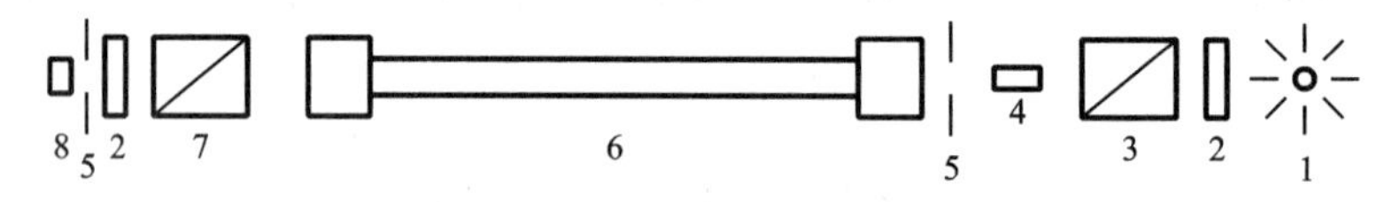

图 6.6.3　旋光仪的简单构造

1—光源;2—透镜;3—起偏镜;4—石英片;5—光栅;6—旋光管;7—检偏镜;8—目镜

通过检偏镜用肉眼判断偏振光通过旋光物质前后的强度是否相同是十分困难的,这样会产生较大的误差。为此设计了一种在视场中分出三分视野的装置,其原理如下:在起偏镜后放置一块狭长的石英片,其宽度为起偏镜直径的 1/3,由起偏镜透过来的偏振光通过石英片时,由于石英片的旋光性,偏振光旋转了一个角度 Φ,通过镜前观察,光的振动方向如图 6.6.4 所示。

图 6.6.4 中,BA 是通过起偏镜(M)的偏振光的振动方向,$B'A'$是通过石英片(O)旋转一个角度后的振动方向,此两偏振方向的夹角 Φ 称为半暗角,如果旋转检偏镜使透射光的偏振面与 $A'B'$平行,在视野中将观察到:中间狭长部分较明亮,而两旁较暗,这是由于两旁的偏振光不经过石英片,如图 6.6.4(b)所示。如果检偏镜的偏振面与起偏镜的偏振面平行(即在 AB 的方向时),在视野中将观察到:中间狭长部分较暗而两旁较亮,如图 6.6.4(a)所示。当检偏镜的偏振面处于 $\Phi/2$ 时,两旁直接来自起偏镜的偏振光被检偏镜旋转了 $\Phi/2$,而中间被石英片转过角度 Φ 的偏振面也被检偏镜旋转角度 $\Phi/2$,这样中间和两边的光偏振面都被旋转了 $\Phi/2$,故视野呈微暗状态,且三分视野内的暗度是相同的,如图 6.6.4(c)所示,将这一位置作为仪器的零点,在每次测定时,调节检偏镜使三分视野的暗度相同,然后读数。

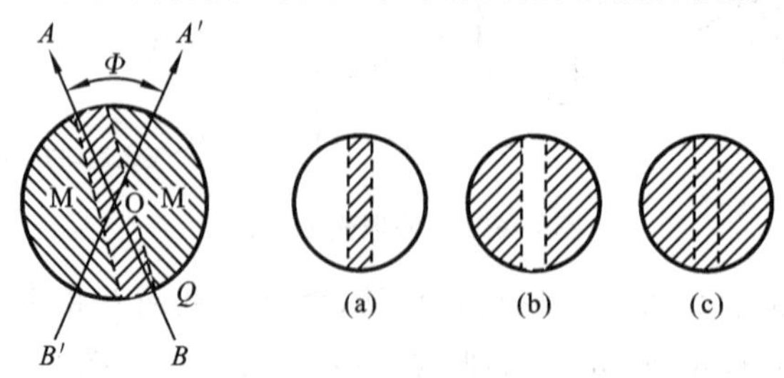

图 6.6.4　三分视野示意图

二、WZZ 型旋光仪的测量原理

WZZ 型旋光仪的测量原理如图 6.6.5 所示。旋光仪采用钠光灯作光源,通过小孔光栅和物镜后形成一束平行光，平行光经过偏振镜Ⅰ后，变成平面偏振光，该光线经过有法拉第效应的磁旋线圈时，其振动面产生一定角度的往复摆动，经过待测样品后，偏振光的振动面旋转一定角度 α，旋转后的偏振光经过偏振镜Ⅱ投射到光电倍增管上，产生交变的电信号，此信号经功率放大器放大后，驱动伺服电机转动。伺服电机通过蜗轮、蜗杆将偏振镜Ⅰ反向转过相同的角度 α，使仪器回到光学零点，样品的旋光度则由表盘示出。

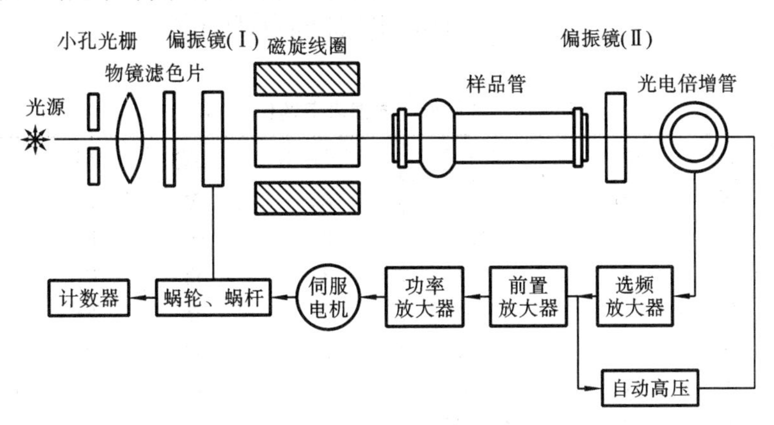

图 6.6.5　WZZ 型旋光仪测量原理示意图

三、旋光仪的使用方法

1. WZZ 型旋光仪的使用方法

(1) 打开电源开关，将钠光灯预热 5～10 min，使之发光稳定。

(2) 打开直流开关。(若直流开关扳上后，钠光灯熄灭，则再将直流开关上下重复扳动 1～2 次，使钠光灯在直流下点亮，即为正常。)

(3) 打开示数开关，使旋光仪处于待测状态。将装有蒸馏水或其他空白溶剂的旋光管放入样品室，盖上箱盖。旋光管中若有气泡，应先让气泡浮在凸颈处；通光面两端的雾状水滴应用软布揩干。管两端螺帽不能旋得太紧，一般以随手旋紧不漏水为止。安放旋光管时应注意标记位置和方向。打开示数开关，调节零位手轮，使旋光度值为零。

(4) 取出旋光管，洗净后装入待测样品，将其按相同的位置和方向放入样品室内，盖好箱盖。示数盘将转出该样品的旋光度。示数盘上黑色示值为右旋(＋)，红色示值为左旋(－)。

(5) 测试完毕，依次关闭示数、直流和电源开关，将旋光管洗净存放。

2. WXG 型圆盘旋光仪的使用方法

(1) 接通电源，将钠光灯预热 5～10 min，待钠光灯发光稳定。

(2) 将旋光管装满蒸馏水，注意旋光管螺帽不宜旋得过紧，以免玻璃片产生应力，影响读数。将旋光管放入管槽中，试管有圆泡一端朝上。检验度盘零度位置是否正确，如不正确，可旋松度盘盖四只连接螺钉、转动度盘壳进行校正(只能校正 0.5°以下)。

(3) 将旋光管洗净，装入待测溶液，管两端及管身用软布揩干。调节视度螺旋至视场中三分视场清晰。转动度盘手轮，至视场照度相一致(暗视场)时止。从放大镜中读出度盘所旋转的角度，即为该样品的旋光度。

(4) 测试完毕，关闭电源，将旋光管洗净存放。

附录　物理化学实验中常用数据

附录 A　国际相对原子质量

表 A.1　国际原子质量表节选(2007)

原子序数	名称	符号	相对原子质量	原子序数	名称	符号	相对原子质量
1	氢	H	1.00794	35	溴	Br	79.904
2	氦	He	4.00260	36	氪	Kr	83.80
3	锂	Li	6.941	37	铷	Rb	85.4678
4	铍	Be	9.01218	38	锶	Sr	87.62
5	硼	B	10.81	39	钇	Y	88.9059
6	碳	C	12.011	40	锆	Zr	91.22
7	氮	N	14.0067	41	铌	Nb	92.9064
8	氧	O	15.9994	42	钼	Mo	95.94
9	氟	F	18.998403	43	锝	Tc	[98]
10	氖	Ne	20.1797	44	钌	Ru	101.07
11	钠	Na	22.98977	45	铑	Rh	102.9055
12	镁	Mg	24.305	46	钯	Pd	106.42
13	铝	Al	26.98154	47	银	Ag	107.8682
14	硅	Si	28.0855	48	镉	Cd	112.411
15	磷	P	30.97376	49	铟	In	114.818
16	硫	S	32.066	50	锡	Sn	118.710
17	氯	Cl	35.453	51	锑	Sb	121.760
18	氩	Ar	39.948	52	碲	Te	127.60
19	钾	K	39.0983	53	碘	I	126.90447
20	钙	Ca	40.08	54	氙	Xe	131.293
21	钪	Sc	44.9559	55	铯	Cs	132.90545
22	钛	Ti	47.867	56	钡	Ba	137.327
23	钒	V	50.9415	57	镧	La	138.9055
24	铬	Cr	51.996	58	铈	Ce	140.116
25	锰	Mn	54.938	59	镨	Pr	140.90765
26	铁	Fe	55.845	60	钕	Nd	144.24
27	钴	Co	58.9332	61	钷	Pm	[145]
28	镍	Ni	58.69	62	钐	Sm	150.36
29	铜	Cu	63.546	63	铕	Eu	151.964
30	锌	Zn	65.39	64	钆	Gd	157.25
31	镓	Ga	69.72	65	铽	Tb	158.92534
32	锗	Ge	72.64	66	镝	Dy	162.50
33	砷	As	74.9216	67	钬	Ho	164.93032
34	硒	Se	78.96	68	铒	Er	167.259

续表

原子序数	名称	符号	相对原子质量	原子序数	名称	符号	相对原子质量
69	铥	Tm	168.9342	89	锕	Ac	[227]
70	镱	Yb	173.04	90	钍	Th	232.0381
71	镥	Lu	174.967	91	镤	Pa	231.03588
72	铪	Hf	178.49	92	铀	U	238.02891
73	钽	Ta	180.9479	93	镎	Np	[237]
74	钨	W	183.84	94	钚	Pu	[244]
75	铼	Re	186.207	95	镅	Am	[243]
76	锇	Os	190.23	96	锔	Cm	[247]
77	铱	Ir	192.217	97	锫	Bk	[247]
78	铂	Pt	195.078	98	锎	Cf	[251]
79	金	Au	196.96655	99	锿	Es	[252]
80	汞	Hg	200.59	100	镄	Fm	[257]
81	铊	Tl	204.3833	101	钔	Md	[258]
82	铅	Pb	207.2	102	锘	No	[259]
83	铋	Bi	208.98038	103	铹	Lr	[262]
84	钋	Po	[210]	104	𬬻	Rf	[261]
85	砹	At	[210]	105	𬭊	Db	[262]
86	氡	Rn	[222]	106	𬭳	Sg	[266]
87	钫	Fr	[223]	107	𬭛	Bh	[264]
88	镭	Ra	[226]				

附录 B　国际单位制中具有专门名称的导出单位

表 B.1　国际单位制中具有专门名称的导出单位(摘录)

量的名称	单位名称	单位符号	其他表示示例
频率	赫[兹]	Hz	s^{-1}
力	牛[顿]	N	$kg \cdot m \cdot s^{-2}$
压力、压强、应力	帕[斯卡]	Pa	$N \cdot m^{-2}$
能[量]、功、热量	焦[耳]	J	$N \cdot m$
电荷[量]	库[仑]	C	$A \cdot s$
功率	瓦[特]	W	$J \cdot s^{-1}$
电压、电动势、电位	伏[特]	V	$W \cdot A^{-1}$
电容	法[拉]	F	$C \cdot V^{-1}$
电阻	欧[姆]	Ω	$V \cdot A^{-1}$
电导	西[门子]	S	Ω^{-1}
磁通[量]	韦[伯]	Wb	$V \cdot s$
磁通[量]密度、磁感应强度	特[斯拉]	T	$Wb \cdot m^{-2}$
电感	亨[利]	H	$Wb \cdot A^{-1}$
摄氏温度	摄氏度	℃	

附录C　国际单位制的基本单位

表 C.1　国际单位制的基本单位

量的名称	单位名称	单位符号
长度	米	m
质量	千克(公斤)	kg
时间	秒	s
电流	安[培]	A
热力学温度	开[尔文]	K
物质的量	摩[尔]	mol
发光强度	坎[德拉]	cd

附录D　用于构成十进倍数和分数单位的词头

表 D.1　用于构成十进倍数和分数单位的词头

倍数	词头名称	词头符号	分数	词头名称	词头符号
10^{18}	艾[可萨](exa)	E	10^{-1}	分(deci)	d
10^{15}	拍[它](peta)	P	10^{-2}	厘(centi)	c
10^{12}	太[拉](tera)	T	10^{-3}	毫(milli)	m
10^{9}	吉[咖](giga)	G	10^{-6}	微(micro)	μ
10^{6}	兆(mega)	M	10^{-9}	纳[诺](nano)	n
10^{3}	千(kilo)	k	10^{-12}	皮[可](pico)	p
10^{2}	百(hecto)	h	10^{-15}	飞[母托](femto)	f
10^{1}	十(deca)	da	10^{-18}	阿[托](atto)	a

附录E　力单位换算

表 E.1　力单位换算

牛顿(N)	千克力(kgf)	达因(dyn)
1	0.102	10^{5}
9.80665	1	9.80665×10^{5}
10^{-5}	1.02×10^{-6}	1

附录 F　压力单位换算

表 F.1　压力单位换算

帕斯卡 (Pa)	工程大气压 (at)	毫米水柱 (mmH_2O)	标准大气压 (atm)	毫米汞柱 (mmHg)
1	1.02×10^{-5}	0.102	9.9×10^{-6}	0.0075
98067	1	10^4	0.9678	735.6
9.807	0.0001	1	9.678×10^{-5}	0.0736
101325	1.033	10332	1	760
133.32	0.00036	13.6	0.00132	1

注：1 Pa=1 N·m^{-2}，1 at=1 kgf·cm^{-2}；

1 mmHg=1 Torr，标准大气压即物理大气压；

1 bar=10^5 N·m^{-2}。

附录 G　能量单位换算

表 G.1　能量单位换算

尔格 (erg)	焦耳 (J)	千克力米 (kgf·m)	千瓦小时 (kW·h)	千卡(kcal) (国际蒸气表卡)	升大气压 (L·atm)
1	10^{-7}	1.02×10^{-8}	2.778×10^{-14}	2.39×10^{-11}	9.869×10^{-10}
10^7	1	0.102	2.778×10^{-7}	2.39×10^{-4}	9.869×10^{-3}
9.807×10^7	9.807	1	2.724×10^{-6}	2.342×10^{-3}	9.679×10^{-2}
3.6×10^{13}	3.6×10^6	3.671×10^5	1	859.845	3.553×10^4
4.187×10^{10}	4186.8	426.935	1.163×10^{-3}	1	41.29
1.013×10^9	101.3	10.33	2.814×10^{-5}	0.024218	1

注：1 erg=1 dyn·cm，1 J=1 N·m=1 W·s，1 eV=1.602×10^{-19} J；

1 国际蒸气表卡=1.00067 热化学卡。

附录 H　不同温度下水的饱和蒸气压

表 H.1　不同温度下水的饱和蒸气压　　单位：kPa

t/℃	0.0	0.2	0.4	0.6	0.8
0	0.6105	0.6195	0.6286	0.6379	0.6473
1	0.6567	0.6663	0.6759	0.6858	0.6958
2	0.7058	0.7159	0.7262	0.7366	0.7473
3	0.7579	0.7687	0.7797	0.7907	0.8019
4	0.8134	0.8249	0.8365	0.8483	0.8603
5	0.8723	0.8846	0.8970	0.9095	0.9222

续表

t/℃	0.0	0.2	0.4	0.6	0.8
6	0.9350	0.9481	0.9611	0.9745	0.9880
7	1.0017	1.0155	1.0295	1.0436	1.0580
8	1.0726	1.0872	1.1022	1.1172	1.1324
9	1.1478	1.1635	1.1792	1.1952	1.2114
10	1.2278	1.2443	1.2610	1.2779	1.2951
11	1.3124	1.3300	1.3478	1.3658	1.3839
12	1.4023	1.4210	1.4397	1.4527	1.4779
13	1.4973	1.5171	1.5370	1.5572	1.5776
14	1.5981	1.6191	1.6401	1.6615	1.6831
15	1.7049	1.7269	1.7493	1.7718	1.7946
16	1.8177	1.8410	1.8648	1.8886	1.9128
17	1.9372	1.9618	1.9869	2.0121	2.0377
18	2.0634	2.0896	2.1160	2.1426	2.1694
19	2.1967	2.2245	2.2523	2.2805	2.3090
20	2.3378	2.3669	2.3963	2.4261	2.4561
21	2.4865	2.5171	2.5482	2.5796	2.6114
22	2.6434	2.6758	2.7068	2.7418	2.7751
23	2.8088	2.8430	2.8775	2.9124	2.9478
24	2.9833	3.0195	3.0560	3.0928	3.1299
25	3.1672	3.2049	3.2432	3.2820	3.3213
26	3.3609	3.4009	3.4413	3.4820	3.5232
27	3.5649	3.6070	3.6496	3.6925	3.7358
28	3.7795	3.8237	3.8683	3.9135	3.9593
29	4.0054	4.0519	4.0990	4.1466	4.1944
30	4.2428	4.2918	4.3411	4.3908	4.4412
31	4.4923	4.5439	4.5957	4.6481	4.7011
32	4.7547	4.8087	4.8632	4.9184	4.9740
33	5.0301	5.0869	5.1441	5.2020	5.2605
34	5.3193	5.3787	5.4390	5.4997	5.5609
35	5.6229	5.6854	5.7484	5.8122	5.8766
36	5.9412	6.0087	6.0727	6.1395	6.2069
37	6.2751	6.3437	6.4130	6.4830	6.5537
38	6.6250	6.6969	6.7693	6.8425	6.9166
39	6.9917	7.0673	7.1434	7.2202	7.2976
40	7.3759	7.451	7.534	7.614	7.695

附录 I　不同温度下水的表面张力

表 I.1　不同温度下水的表面张力

t/ ℃	$\gamma \times 10^3/(N \cdot m^{-1})$	t/ ℃	$\gamma \times 10^3/(N \cdot m^{-1})$
0	75.64	21	72.59
5	74.92	22	72.44
10	74.22	23	72.28
11	74.07	24	72.13
12	73.93	25	71.97
13	73.78	26	71.82
14	73.64	27	71.66
15	73.49	28	71.50
16	73.34	29	71.35
17	73.19	30	71.18
18	73.05	35	70.38
19	72.90	40	69.56
20	72.75	45	68.74

附录 J　水的黏度

表 J.1　水的黏度

单位：cP

t/℃	.0	.1	.2	.3	.4	.5	.6	.7	.8	.9
0	1.787	1.728	1.671	1.618	1.567	1.519	1.472	1.428	1.386	1.346
10	1.307	1.271	1.235	1.202	1.169	1.139	1.109	1.081	1.053	1.027
20	1.002	0.9779	0.9548	0.9325	0.9111	0.8904	0.8705	0.8513	0.8327	0.8148
30	0.7975	0.7808	0.7647	0.7491	0.7340	0.7194	0.7052	0.6915	0.6783	0.6654
40	0.6529	0.6408	0.6291	0.6178	0.6067	0.5960	0.5856	0.5755	0.5656	0.5561

注：1 cP=10^{-3} N · s/m^2。

附录 K　甘汞电极的电极电势与温度的关系

表 K.1　甘汞电极的电极电势与温度的关系

甘汞电极	φ/V
饱和甘汞电极	$0.2412-6.61\times10^{-4}(t-25)-1.75\times10^{-6}(t-25)^2-9\times10^{-10}(t-25)^3$
标准甘汞电极	$0.2801-2.75\times10^{-4}(t-25)-2.50\times10^{-6}(t-25)^2-4\times10^{-9}(t-25)^3$
甘汞电极(0.1 mol · L^{-1})	$0.3337-8.75\times10^{-5}(t-25)-3\times10^{-6}(t-25)^2$

附录 L　不同温度下 KCl 在水中的溶解热

表 L.1　不同温度下 KCl 在水中的溶解热

t/℃	$\Delta_{sol}H_m$/kJ	t/℃	$\Delta_{sol}H_m$/kJ
10	19.895	20	18.297
11	19.795	21	18.146
12	19.623	22	17.995
13	19.598	23	17.849
14	19.276	24	17.703
15	19.100	25	17.556
16	18.933	26	17.414
17	18.765	27	17.272
18	18.602	28	17.138
19	18.443	29	17.004

注:表中溶解热数值是指 1 mol KCl 溶于 200 mol 水时产生的溶解热的数值。

附录 M　不同温度下 KCl 溶液的电导率

表 M.1　不同温度下 KCl 溶液的电导率　　单位:S · cm^{-1}

t/℃	c/(mol · L^{-1})			
	1.000	0.1000	0.0200	0.0100
0	0.06541	0.00715	0.001521	0.000776
5	0.07414	0.00822	0.001752	0.000896
10	0.08319	0.00933	0.001994	0.001020
15	0.09252	0.01048	0.002243	0.001147
16	0.09441	0.01072	0.002294	0.001173
17	0.09631	0.01095	0.002345	0.001199
18	0.09822	0.01119	0.002397	0.001225
19	0.10014	0.01143	0.002449	0.001251
20	0.10207	0.01167	0.002501	0.001278
21	0.10400	0.01191	0.002553	0.001305
22	0.10594	0.01215	0.002606	0.001332
23	0.10789	0.01239	0.002659	0.001359
24	0.10984	0.01264	0.002712	0.001386
25	0.11180	0.01288	0.002765	0.001413
26	0.11377	0.01313	0.002819	0.001441
27	0.11574	0.01337	0.002873	0.001468

附录N 一些电解质水溶液的摩尔电导率

表 N.1 一些电解质水溶液的摩尔电导率(25 ℃) 单位:S · cm^2 · mol^{-1}

溶液浓度/($mol \cdot L^{-1}$)	无限稀	0.0005	0.001	0.005	0.01	0.02	0.05	0.1
NaCl	126.39	124.44	123.68	120.59	118.45	115.70	111.01	106.69
KCl	149.79	147.74	146.88	143.48	141.20	138.27	133.30	128.90
HCl	425.95	422.53	421.15	415.59	411.80	407.04	398.89	391.13
NaAc	91.0	89.2	88.5	85.68	83.72	81.20	76.88	72.76
$1/2H_2SO_4$	429.6	413.1	399.5	369.4	336.4		272.6	250.8
HAc	390.7	67.7	49.2	22.9	16.3	7.4		
NH_4Cl	149.6		146.7	134.4	141.21	138.25	133.22	128.69

附录O 乙酸的标准解离平衡常数

表 O.1 乙酸的标准解离平衡常数

t/℃	$K_a^\ominus \times 10^5$	t/℃	$K_a^\ominus \times 10^5$	t/℃	$K_a^\ominus \times 10^5$
0	1.657	20	1.753	40	1.703
5	1.700	25	1.754	45	1.670
10	1.729	30	1.750	50	1.633
15	1.745	35	1.728		

附录P 不同温度下水的密度

表 P.1 不同温度下水的密度 单位:kg · m^{-3}

t/℃	.0	.1	.2	.3	.4	.5	.6	.7	.8	.9
0	999.8426	.8493	.8558	.8622	.8683	.8743	.8801	.8857	.8912	.8964
1	999.9015	.9065	.9112	.9158	.9202	.9244	.9284	.9323	.9360	.9395
2	999.9429	.9461	.9491	.9519	.9546	.9571	.9595	.9616	.9636	.9655
3	999.9672	.9687	.9700	.9712	.9722	.9731	.9738	.9743	.9747	.9749
4	999.9750	.9748	.9746	.9742	.9736	.9728	.9719	.9709	.9696	.9683
5	999.9668	.9651	.9632	.9612	.9591	.9568	.9544	.9518	.9490	.9461
6	999.9430	.9398	.9365	.9330	.9293	.9255	.9216	.9175	.9132	.9088
7	999.9043	.8996	.8948	.8898	.8847	.8794	.8740	.8684	.8627	.8569
8	999.8509	.8448	.8385	.8321	.8256	.8189	.8121	.8051	.7980	.7908

续表

t/℃	.0	.1	.2	.3	.4	.5	.6	.7	.8	.9
9	999.7834	.7759	.7682	.7604	.7525	.7444	.7362	.7279	.7194	.7108
10	999.7021	.6932	.6842	.6751	.6658	.6564	.6468	.6372	.6274	.6174
11	999.6074	.5972	.5869	.5764	.5658	.5551	.5443	.5333	.5222	.5110
12	999.4996	.4882	.4766	.4648	.4530	.4410	.4289	.4167	.4043	.3918
13	999.3792	.3665	.3536	.3407	.3276	.3143	.3010	.2875	.2740	.2602
14	999.2464	.2325	.2184	.2042	.1899	.1755	.1609	.1463	.1315	.1166
15	999.1016	.0864	.0712	.0558	.0403	.0247	.0090	.9932[a]	.9772[a]	.9612[a]
16	998.9450	.9287	.9123	.8957	.8791	.8623	.8455	.8285	.8114	.7942
17	998.7769	.7595	.7419	.7243	.7065	.6886	.6706	.6525	.6343	.6160
18	998.5976	.5790	.5604	.5416	.5228	.5038	.4847	.4655	.4462	.4268
19	998.4073	.3877	.3680	.3481	.3282	.3081	.2880	.2677	.2474	.2269
20	998.2063	.1856	.1649	.1440	.1230	.1019	.0807	.0594	.0380	.0164
21	997.9948	.9731	.9513	.9294	.9073	.8852	.8630	.8406	.8182	.7957
22	997.7730	.7503	.7275	.7045	.6815	.6584	.6351	.6118	.5883	.5648
23	997.5412	.5174	.4936	.4697	.4456	.4215	.3973	.3730	.3485	.3240
24	997.2994	.2747	.2499	.2250	.2000	.1749	.1497	.1244	.0990	.0735
25	997.0480	.0223	.9965[a]	.9707[a]	.9447[a]	.9186[a]	.8925[a]	.8663[a]	.8399[a]	.8135[a]
26	996.7870	.7604	.7337	.7069	.6800	.6530	.6259	.5987	.5714	.5441
27	996.5166	.4891	.4615	.4337	.4059	.3780	.3500	.3219	.2938	.2655
28	996.2371	.2087	.1801	.1515	.1228	.0940	.0651	.0361	.0070	.9778[a]
29	995.9486	.9192	.8898	.8603	.8306	.8009	.7712	.7413	.7113	.6813
30	995.6511	.6209	.5906	.5602	.5297	.4991	.4685	.4377	.4069	.3760
31	995.3450	.3139	.2827	.2514	.2201	.1887	.1572	.1255	.0939	.0621
32	995.0302	.9983[a]	.9663[a]	.9342[a]	.9020[a]	.8697[a]	.8373[a]	.8049[a]	.7724[a]	.7397[a]
33	994.7071	.6743	.6414	.6085	.5755	.5423	.5092	.4759	.4425	.4091
34	994.3756	.3420	.3083	.2745	.2407	.2068	.1728	.1387	.1045	.0703
35	994.0359	.0015	.9671[a]	.9325[a]	.8978[a]	.8631[a]	.8283[a]	.7934[a]	.7585[a]	.7234[a]
36	993.6883	.6531	.6178	.5825	.5470	.5115	.4759	.4403	.4045	.3687
37	993.3328	.2968	.2607	.2246	.1884	.1521	.1157	.0793	.0428	.0062
38	992.9695	.9328	.8960	.8591	.8221	.7850	.7479	.7107	.6735	.6361
39	992.5987	.5612	.5236	.4860	.4483	.4105	.3726	.3347	.2966	.2586
40	992.2204									

注:[a]标记者整数部减去1。

引自 Daivd. R. Lide. CRC Handbook of Chemistry and Physics,73rd ed.

附录 Q　不同温度下几种常用有机液体的密度

表 Q.1　不同温度下几种常用有机液体的密度　　单位：$g \cdot cm^{-3}$

t/℃	苯	甲苯	乙醇	氯仿	乙酸
0		0.886	0.80625	1.526	1.0718
5			0.80207		1.0660
10	0.887	0.875	0.79788	1.496	1.0603
11			0.79704		1.0591
12			0.79620		1.0580
13			0.79535		1.0568
14			0.79451		1.0557
15	0.883	0.870	0.79367	1.486	1.0546
16	0.882	0.869	0.79283	1.484	1.0534
17	0.882	0.867	0.79198	1.482	1.0523
18	0.881	0.866	0.79114	1.480	1.0512
19	0.880	0.865	0.79029	1.478	1.0500
20	0.879	0.864	0.78945	1.476	1.0489
21	0.879	0.863	0.78860	1.474	1.0478
22	0.878	0.862	0.78775	1.472	1.0467
23	0.877	0.861	0.78691	1.471	1.0455
24	0.876	0.860	0.78606	1.469	1.0444
25	0.875	0.859	0.78522	1.467	1.0433
26			0.78437		1.0422
27			0.78352		1.0410
28			0.78267		1.0399
29			0.78182		1.0388
30	0.869		0.78097	1.460	1.0377
40	0.858		0.772	1.451	

参考文献

[1] 复旦大学等.物理化学实验[M].2版.北京:高等教育出版社,1993.

[2] 东北师范大学.物理化学实验[M].2版.北京:高等教育出版社,1989.

[3] 向建敏.物理化学实验[M].北京:化学工业出版社,2008.

[4] 山东大学.物理化学与胶体化学实验[M].北京:人民教育出版社,1982.

[5] 张春晔,赵谦.物理化学实验[M].南京:南京大学出版社,2003.

[6] 北京大学化学系物理化学教研室.物理化学实验[M].3版.北京:北京大学出版社,1995.

[7] 何畏.物理化学实验[M].北京:科学出版社,2009.

[8] 武汉大学化学与分子科学学院实验中心.物理化学实验[M].武汉:武汉大学出版社,2004.

[9] 夏海涛.物理化学实验[M].哈尔滨:哈尔滨工业大学出版社,2004.

[10] 顾良证,武传昌.物理化学实验[M].南京:江苏科学技术出版社,1986.

[11] 傅献彩,沈文霞,姚天扬.物理化学[M].4版.北京:高等教育出版社,1991.

[12] 张树彪,那立艳,华瑞年.双语物理化学实验[M].北京:化学工业出版社,2009.

[13] 王军,杨冬梅,张丽君,等.物理化学实验[M].北京:化学工业出版社,2009.

[14] 复旦大学.物理化学实验[M].3版.北京:高等教育出版社,2004.

[15] 天津大学物理化学教研室.物理化学实验[M].北京:高等教育出版社,2009.

[16] 孙尔康,徐维清,邱金恒.物理化学实验[M].南京:南京大学出版社,1998.

[17] 胡玮,曹红燕,李建平.用Origin绘制氯仿-醋酸-水三元液系相图[J].实验科学与管理,2007,24(3):46-48.

[18] 叶卫平,方安平,于本方.科技绘图及数据分析[M].北京:机械工业出版社,2003.

[19] 北京大学化学系物理化学教研室.物理化学实验[M].修订本.北京:北京大学出版社,1985.

[20] 潘湛昌.物理化学实验[M].北京:化学工业出版社,2008.

[21] 吴洪达,叶旭.物理化学实验[M].2版.武汉:华中科技大学出版社,2017.

[22] 袁誉洪.物理化学实验[M].北京:科学出版社,2008.

[23] 罗澄源,向明礼.物理化学实验[M].北京:高等教育出版社,2004.

[24] 张新丽,胡小玲,苏克和.物理化学实验[M].北京:化学工业出版社,2008.

[25] 杨百勤.物理化学实验[M].北京:化学工业出版社,2001.

[26] 顾月姝,宋淑娥.基础化学实验(Ⅲ)——物理化学实验[M].北京:化学工业出版社,2007.

[27] 许炎妹,邵晨.物理化学实验[M].北京:化学工业出版社,2009.

[28] 清华大学化学系物理化学实验编写组.物理化学实验[M].北京:清华大学出版社,1991.

[29] 冯师颜.误差理论与实验数据处理[M].北京:科学出版社,1964.

[30] 戴维·P休梅克,卡·W加兰,杰·I斯坦菲尔德,等著. 物理化学实验[M]. 4版. 俞鼎琼,廖代伟译. 北京:化学工业出版社,1990.

[31] 复旦大学,蔡显鄂. 物理化学实验[M]. 2版. 北京:高等教育出版社,1993.

[32] 王军,杨冬梅,张丽君,等. 物理化学实验[M]. 北京:化学工业出版社,2010.

[33] H D克罗克福特著. 物理化学实验[M]. 郝润蓉译. 北京:人民教育出版社,1980.

[34] H W Salzburg. Physical Chemistry[M]. New York:Macmillan Publishing Co. Inc. ,1978.

[35] W J Popie. Laboratory Manual of Physical Chemistry[M]. London:English Universities Press Ltd. ,1964.

[36] F Daniels. Experimental Physical Chemistry[M]. 6th ed. New York: Mc Graw-Hill Book Co. Inc. ,1975.

[37] R Parsons. Electrochemical dynamics[J]. Chem. Educ. ,1968,45:390.

[38] 张建策. 物理化学实验[M]. 北京:科学普及出版社,2007.

[39] 孙尔康,徐维清,邱金恒. 物理化学实验[M]. 南京:南京大学出版社,1998.

[40] S Glasstone 著. 电化学概论[M]. 贾立德译. 北京:科学出版社,1959.

[41] 刘永辉. 电化学测试技术[M]. 北京:北京航空学院出版社,1987.

[42] 东北师范大学,物理化学实验[M]. 2版. 北京:高等教育出版社,1989.

[43] 赤崛四郎. 物理化学实验[M]. 北京:科学普及出版社,1992.

[44] 傅献彩,陈瑞华. 物理化学(下册)[M]. 3版. 北京:人民教育出版社,1980.

[45] 安从俊,甘南琴,刘义,等. DL-苹果酸-丙酮-BrO_3^--Mn^{2+}-H_2SO_4化学振荡反应诱导期的新特征及其动力学研究[J]. 化学学报,1998,56(10):973-978.

[46] 肖衍繁,李文斌. 物理化学[M]. 天津:天津大学出版社,2004.

[47] 东北师范大学等校. 物理化学实验[M]. 2版. 北京:高等教育出版社,1989.

[48] 陈振江,刘幸平. 物理化学实验[M]. 北京:中国中医药出版社,2009.